控导工程对黄河下游游荡段河道演变的影响研究

张立 著

中国水利水电出版社
www.waterpub.com.cn
·北京·

内 容 提 要

　　本书以黄河下游黑岗口至夹河滩河段为研究对象，根据水沙关系及控导工程建设情况划分研究时段，基于实测数据分析、理论分析、河工模型实验与数值模拟相结合的技术手段，研究了控导工程对黄河下游游荡段河道演变的影响规律。主要内容包括：基于实测数据分析了控导工程作用下河道主槽及平面形态演变特征；通过河工模型试验和理论研究分析了控导工程对河流演变的调控效应，推导并验证了工程控导弯道流路方程；采用数值模拟分析了控导工程对能量分布的影响，提出了控导工程边界能耗率的定量表达式，确定了工程控导弯道演变相对稳定的阈值条件。

　　本书可供从事泥沙运动、河道演变与治理等专业研究、规划与设计、管理人员参考，也可供高等院校相关专业师生阅读参考。

图书在版编目（ＣＩＰ）数据

控导工程对黄河下游游荡段河道演变的影响研究 /
张立著. -- 北京 : 中国水利水电出版社，2024.4
　　ISBN 978-7-5226-2447-1

　　Ⅰ．①控… Ⅱ．①张… Ⅲ．①黄河－下游河段－河道
演变－研究 Ⅳ．①TV882.1

中国国家版本馆CIP数据核字(2024)第088049号

书　　　名	**控导工程对黄河下游游荡段河道演变的影响研究** KONGDAO GONGCHENG DUI HUANG HE XIAYOU YOUDANGDUAN HEDAO YANBIAN DE YINGXIANG YANJIU
作　　　者	张　立　著
出 版 发 行	中国水利水电出版社 （北京市海淀区玉渊潭南路 1 号 D 座　100038） 网址：www. waterpub. com. cn E - mail：sales@mwr. gov. cn 电话：（010）68545888（营销中心）
经　　　售	北京科水图书销售有限公司 电话：（010）68545874、63202643 全国各地新华书店和相关出版物销售网点
排　　　版	中国水利水电出版社微机排版中心
印　　　刷	天津嘉恒印务有限公司
规　　　格	170mm×240mm　16 开本　10.25 印张　195 千字
版　　　次	2024 年 4 月第 1 版　2024 年 4 月第 1 次印刷
定　　　价	**68.00 元**

凡购买我社图书，如有缺页、倒页、脱页的，本社营销中心负责调换
版权所有·侵权必究

前 言

FOREWORD

黄河下游河道是举世闻名的地上悬河,水少沙多、水沙关系不协调,是黄河复杂难治症结所在。黄河下游游荡型河段河道冲淤变化较剧烈,河道呈现宽、浅、散、乱特征;加之人类活动的影响,下游河道大部分河段主槽高于滩面,滩面高于背河地面的"二级悬河";威胁两岸人民生产生活安全,一直是中华民族的心腹之患。

根据河行性曲基本特征,黄河下游河道微弯型整治方案逐渐被提出。其按河势演变规律,因势利导,通过规划中水治导线,配合控导工程措施,强化工程边界;控制并缩小主流游荡及摆动范围,稳定河势流路。经过半个世纪治理,黄河下游游荡型河段河势初步得到控制,过渡及弯曲河段河势基本稳定。但控导工程对黄河下游游荡型河道演变的影响仍然有不少问题需要回答,如控导工程边界能耗率的定量表达方式、河道演变相对稳定阈值条件等。这些问题对于黄河下游河道整治效果评价、河势稳定与控制至关重要,意义重大。

本书选取黄河下游黑岗口至夹河滩河段为研究对象,根据水沙关系及控导工程建设情况划分研究时段,深入探讨了控导工程对黄河下游游荡段河道演变的影响规律。获得主要研究成果如下:

(1)基于实测数据分析了控导工程作用下河道主槽及平面形态演变特征。

(2)通过河工模型试验和理论研究分析了控导工程对河流演变的调控效应,推导并验证了工程控导弯道流路方程。

(3)采用数值模拟分析了控导工程对能量分布的影响,提出了控导工程边界能耗率的定量表达式,确定了工程控导弯道演变相对稳定的阈值条件。

  本书共 6 章，内容包括：绪论、黄河下游游荡型河段选取及现状分析、控导工程影响河道主槽及平面形态演变特征、控导工程影响河道演变及弯曲过程模拟、工程控导弯道流路方程及水流能耗率、结论与展望。本书兼顾了理论研究与实际应用，可为科研与工程技术人员提供参考。

  感谢与作者一起参与相关科研工作的同仁！

  鉴于笔者水平有限，书中错误和不足在所难免，欢迎读者朋友不吝指正，不胜感谢！

作者

2024 年 3 月

常 用 符 号 列 表

H——平均水深；

H_{max}——最大水深；

U——流速；

J——河床纵比降；

B——河宽；

Q——流量；

θ——丁坝迎流角度；

L——丁坝长度；

D_{50}——泥沙中值粒径；

S——含沙量；

H_s——沙波的波高；

L_s——沙波的波长；

d_{st}——任意演变时刻局部冲深；

A_{st}——任意演变时刻冲刷坑平面面积；

V_{st}——任意演变时刻局部冲刷坑体积；

u，v，w——x，y，z 三个方向的瞬时流速；

$\bar{u}$，$\bar{v}$，$\bar{w}$——x，y，z 三个方向流速时均值；

u'，v'，w'——x，y，z 三个方向脉动流速；

K——湍流动能；

τ_0——水流切应力；

τ_b——河床切应力；

ω——弯道中心角；

J_s——偏斜度系数；

J_f——丰盈度系数；

J_d——控导工程影响综合因子；

R_c——弯道半径；

S_d——丁坝间距；

J_l——自然条件水面纵比降；

J_{ls}——工程控导弯道水面纵比降；

J_t ——自然条件河床横比降；

J_{ts} ——工程控导弯道河床横比降；

Φ_s ——单位水流能耗率；

Φ_{ls} ——沿程能耗率；

Φ_{ts} ——工程局部能耗率。

目　录

CONTENTS

第1章 绪 论

1.1 研究背景及问题的提出

黄河是著名的多沙河流，黄河下游河道也是举世闻名的地上悬河。由于黄河水少、沙多、水沙异源、水沙搭配不协调的自然特性，具有善淤、善徙、善决特征，河道复杂难治。如黄河下游游荡型河段，河道冲淤变化较剧烈，河道呈现宽、浅、散、乱，摆动频繁；畸形河势时有发生[1-4]。加之人类活动对水资源的过度利用或不当干预，下游河道大部分河段主槽高于滩面，滩面高于背河地面的"二级悬河"，威胁堤防安全。自公元前 602 年以来，黄河决口漫溢 1590 余次，经历数次大迁徙，洪水灾害一直是中华民族的心腹之患[1]。

人们普遍认识到弯曲形曲线比较接近自然状态下冲积河流的水流结构特点或流路演变规律。20 世纪 30 年代初，H. Engels 提出了黄河下游河道整治思路，即著名的"固定中水位河槽"方案，对黄河中上游、下游的河道整治规划发挥了巨大作用。近代，中外水利专家也陆续提出了其他治河方案，并取得了卓有成效的成果，如弯曲型整治方案和工程送导为主、塞支强干与挖引疏浚为辅方案等。其中弯曲型整治方案根据防护工程半径的大小又可分为大弯方案和小弯方案。工程实践过程中，大弯、小弯方案被证实均可用于某些河段的河道整治，后统称为微弯整治方案[2,5-7]。微弯整治的指导原则如下：

（1）控。按河势演变规律，配合控导工程措施因势利导，控制并缩小主流游荡及摆动范围。

（2）导。以弯导流，通过规划中水治导线，按设计流路演进以控制并稳定河势。

微弯整治在 20 世纪 50—60 年代开始在黄河下游局部河段实施，并逐渐应用于整个下游游荡型河段。积累一定经验后，又逐步应用于不同河段及其他河型，如黄河中上游河段，以及渭河、沁河等河流，具有一定的适宜性。黄河下游游荡段整治前后对比见图 1－1。可看出整治前河道宽浅散乱特征明显，整治后河势相对规顺。

（a）整治前河势　　　　　　　　　　（b）整治后河势

图 1-1　黄河下游河道整治前后河势对比

　　除黄河下游外，近年来黄河中上游宁蒙河段也进行了大规模的微弯整治。整治前河床散乱、汊道纵横，平面形态复杂，具有典型的游荡型特征。整治后，控导工程逐渐控制了河势，流路较为规顺，治理效果明显，见图 1-2。

　　经过半个世纪的整治，弯曲型河段河势得到控制；过渡性河段已经基本控制

（a）整治前河势

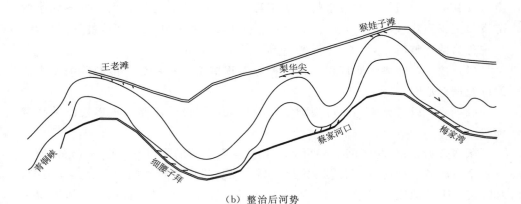

（b）整治后河势

图 1-2　黄河宁蒙河段整治前后河势对比

了河势；游荡型河段明显缩小了游荡范围，一半以上的河段初步控制了河势[6,8]。在控导工程影响下，河型转化、河势稳定性、河湾流路方程及演变理论等均需深入研究或探索。

（1）理论层面。理论描述并揭示游荡型河流演变过程是科学难题，涉及流体动力学、泥沙输移和河岸侵蚀等机理[6-7,9]。黄河下游部分弯道属于工程控导弯道，既不同于游荡型也不属于自然弯曲河道。受控导工程长期影响，弯道形态，如偏斜度和丰盈度[10]，以及自身的演变规律均发生了显著改变，但相应的流路方程讨论并不完善。工程边界能耗率以及沿程与工程局部能耗分配律亦并不明确。从时空维度讨论工程控导弯道演变基本规律，把握其未来发展趋势，相关理论的发展就显得尤为重要。

（2）工程应用层面。近年来，受小浪底水库调蓄，水沙条件相对稳定。整治工程日益增多，两因素对河道演变的影响显著。低含沙条件下，控导工程不仅影响主槽形态特征，也影响平面形态弯曲演变。以相关理论为指导，探讨主槽形态与弯道形态演变的基本规律、工程控导弯道河势演变的稳定性、演变趋势的可预测性等。相关研究课题对于黄河下游河道科学、高效治理是亟须的，也是必要的。

黄河治理是一项长期且复杂的系统工程。黄河水少沙多、水沙关系不协调，是黄河复杂难治症结所在。通过对已有研究成果的总结和提炼，认识河床演变基本规律。运用相关技术手段，揭示控导工程对黄河下游游荡段河道演变的影响规律，预测演变趋势及演变相对稳定的阈值。为黄河下游工程控导弯道的河势稳定与控制提供技术及理论支撑。推动实现维持河流基本功能、流域综合治理及不同治理措施之间的博弈协同[6-7]。建设"一条宽河"，全面加强"高效行洪输沙通道"和"美丽生态文化廊道"[9]，见图1-3示。

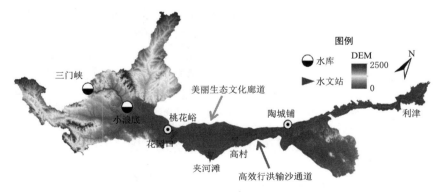

图1-3　黄河下游流域"一河两道"示意图

1.2　研究进展

1.2.1　河型转化

对于冲积性河流，河型分类及判别是河型研究的首要问题。其不仅牵涉到对于河床演变规律的认识，更是河道治理措施制定、河势稳定与控制理论的支撑。目前，应用最广泛的是将河流分为顺直河流、弯曲河流（蜿蜒河流）和辫状河流（编织型河流）三类[11]。文献［12-14］较为系统总结了河型分类相关成果。以黄河下游为例，目前仍以钱宁等[15] 的分类方法为主，即顺直、蜿蜒、分汊与游荡四大类。

河道演变既是一个长期过程，又有阶段性。河型的判别方法基本可分为定性判别方法和定量判别方法。定性判别方法主要根据河流的平面形态、演变特性、稳定性、河床边界、水文泥沙等特征进行大致判别。定量判别方法明确给出判别指标及判定标准，减少了河型判别的人为性和随意性，提高了准确性。其大致又可分为三类：第一类是坡降与造床流量关系河型判别方法；第二类是基于河床稳定性指标判别方法；第三类是基于来水来沙条件和河床边界条件的河型判别方法[17]。国内外河型分类方法及成果见表 1.1。

表 1.1　　　　　　　　国内外河型分类方法及成果表[16]

分类角度	代 表 文 献	分 类 标 准	划 分 方 案
沉积学	Schumm, 1963, 1977	河流泥沙推移的主导方式	悬移质，混合质，推移质
	王随继等, 1999	河道形态和沉积物特征	辫状，曲流，分汊，网状，直流
水文地貌学	Leopold et al, 1957	河道坡度—流量关系	顺直，弯曲，辫状
	方宗岱, 1964	河道平面形态的稳定性	江心洲河型，弯曲河型，摆动
	Rus, 1978	辫状指数和弯曲度	顺直，弯曲，辫状，网状
	Lane, 1957；Chang, 1979a	流量—比降关系	顺直，弯曲，陡坡辫状，缓坡辫状
	Carling et al, 2014	水文过程和平面形态	单一河道，心滩辫状，岛屿辫状，网状
水动力学	钱宁, 1985	平面形态和水动力特性	顺直，弯曲，游荡，分汊
	Schumm, 1985	水动力强度和泥沙运动特性	顺直，蜿蜒，蜿蜒摆动，深泓蜿蜒摆动，游荡分汊辫状，相对稳定分汊江心洲和网状河流等

续表

分类角度	代 表 文 献	分 类 标 准	划 分 方 案
水动力学	Huang et al, 2004	河谷比降—最小能坡的差异性	顺直, 弯曲, 游荡, 辫状, 分汊
	Nanson et al, 2008	河谷比降—最小能坡的差异性	阶梯深潭, 顺直, 弯曲, 分汊, 辫状, 游荡
	Xu et al, 2010	水流来沙系数	低泥沙浓度弯曲, 高泥沙浓度弯曲, 辫状, 岛屿河流

虽河型判别方法取得了很多成果, 但应用过程中也存在一定问题, 对于黄河下游弯曲河段与过渡型河段并没有精确界限, 往往靠经验而确定。如小浪底水库运用后, 改变了下游河道的水沙条件, 洪峰流量减小, 洪水过程调平, 中水历时加长。如花园口至夹河滩游荡型河段河床冲淤特性发生改变, 滩槽高差加大, 主槽断面趋于窄深。平滩流量增加, 河床纵比降有所调平, 床沙组成变粗, 游荡程度减弱, 并向弯曲型河道方向发展。在控导工程的约束下, 完全有可能逐步由游荡型向弯曲型转化的过渡性河道。表明控导工程建设对河流演变产生了重大影响, 但如何在河型判别式中有所体现, 没有文献供参考。如高含沙洪水、及水库调蓄影响河型转化研究成果较多, 但目前黄河下游水沙条件相对稳定, 工程边界对河型转化的影响不容忽略。

大水带大沙、小水不带沙, 易形成窄深弯曲的河流; 小水带大沙会形成游荡型河道。不同的水沙搭配, 会有不同的河性[17-18]。"大水出好河"是水沙关系对黄河下游河型调整重要性的高度概括。而且洪水期无论粗细沙均能够被冲刷带走, 河床粒径粗化是水流分选结果, 泥沙粗细因流量而定, 这更加说明了"大水出好河"的重要性[19]。王兆印等[20] 详细讨论了黄河下游游荡型河段河湾发育与来水来沙作用关系。尹学良[21] 发现, 黄河下游河道"小水弄坏了河道"。小水挟沙对河道破坏作用表现在两方面。其一, 淤积在深槽, 直接导致河槽变小; 其二, 使河道变得宽浅散乱, 河型发生转化。不仅如此, 小水挟沙带来的次生作用使随后的高含沙洪水期宽河道发生强烈淤积[18]。

来水来沙是流域施加于河道的外部控制变量, 河床边界的冲淤变化与几何形态调整是内部变量对外部控制条件的响应。滩槽形态、河床纵比降、床沙组成等是河道边界条件的主要影响因素。如随着河床纵比降增大, 河槽宽深比增加, 逐渐向不稳定河型发展[22]。Maren 等[23] 通过研究含沙量对河型的影响, 认为相对低含沙水流易形成游荡型河道, 主要是由于河道淤积、壅水、分汊形成新流路。Lancaster 等[24] 提出了游荡型河流复合弯道长度及几个连续弯道长度, 以合理地复演游荡河道的演变、预测复合弯道和弯曲河道的形成。研究发现河岸越光滑，自然河道形成复合弯道的趋势越大。

据野外实地勘查，认识到游荡河流形成速度是非线性的。河流演变过程是一个非线性系统，流速梯度和弯曲边界条件引起的离心力可看作外在驱动。系统的非线性特征使得河流不仅呈现驱动力对应的特征，还会呈现河流自身的固有特征，以及由二者相互作用产生的新特征，比如共振现象、分岔混沌等[25]。一些数学模型用于模拟游荡型河流动力过程。如基于河流地貌动力学论所提出的弯曲不稳定性理论。发现在河道发展过程中的"共振"现象。依此衍生出了"过度响应""过度冲刷""共振现象"等河流迁移模型[26]。也有成果建立了固定河宽边界条件下，由多个函数构成的三维非线性理论[27]。Luchi 等[28-29] 研究了宽度变化如何改变水动力条件并形成河道中心沙波。

很多复合系统可以自然演进到一个关键状态。在这一状态中，一个次要事件可能引发一个连锁反应，并且影响系统的任何部分。基于流体力学的游荡模型说明河流游荡最初是增强的，由于形成了沙洲和新河道，然后开始变弱，接下来弯曲河道开始振荡以便维持一种自组织状态[30]。也有学者提出并利用系统响应变化依赖于其状态原则，试验得到运动速度和弯道曲率之间相关关系，模拟河道游荡过程[31]。边界条件的改变会导致河床冲刷与再造，不仅涉及微观层面水沙运动基本机理，还涉及宏观层面河道调整过程，且相互并不独立。如水沙关系—冲淤—泥沙交换—悬移质恢复等多过程耦合的微观水沙运动特性；泥沙冲淤—床面形态变化—河型河势调整等多尺度复杂响应的宏观形态变化[32-33]。

由上述可知，对于黄河下游工程控导弯道而言，其演变规律不仅受水沙条件的影响，同时也要考虑工程边界的影响。其演变机理较复杂，相关的研究仍处于探索阶段，有待于深入探讨。

1.2.2　黄河下游游荡型河道整治及演变

1.2.2.1　河道整治

黄河下游整治方略取决于人们对黄河的认识，也是当时社会、政治、经济背景以及水利科学技术发展水平的体现。回顾黄河下游治河方略的演变历史，有助于更清楚认识黄河，解决黄河下游面临的新问题。

在人类历史时期以前，据《尚书·禹贡》中"北播为九河，同为逆河入于海"一语可以认为是筑堤以前黄河大冲积扇上分流分汊河道的生动写照。黄河下游堤防始建于春秋。为了发展生产需要及沿河诸侯各自为利，先后筑堤，多转折弯曲，不顾水流通畅，甚至以邻为壑，导致险象环生。至战国时，堤防连贯在一起，并渐具一定规模。筑堤后，由于两岸堤距之间容量有限，泥沙淤在河槽内，河床逐渐抬高而成为地上河，防御洪水能力也随河床淤高而降低，故决口改道逐渐增多[34]。西汉时期贾让《治河之策》提及"堤防之作，近起战国"。表明了两千多年前战国中期全面筑堤，形成了黄河下游堤防系统的雏形。又如黄河下游最早修建的险工是黑岗口险工（今开封市界），建于1625年。

1922年，美国水利工程师费礼门，提出"筑直堤，束堤槽，以刷深"治河思路，这一观点引发了争论。恩格思教授进一步提出应以约束或控制中水河槽为目标；著名水利专家李仪祉也同样提出了固定中水河槽整治方略[35]。总的看大致分为三类：一是基于对未来洪水泥沙大幅度减少的估计，提出的窄河固堤方略；二是认为未来洪水泥沙不可能大幅度减少，从考虑滩区滞洪滞沙的需要出发，主张坚持宽河固堤；三是基于对未来黄河下游以中小洪水为主，大洪水依然存在，水沙条件两极分化的认识，提出的调水调沙、束水攻沙与宽河固堤结合。后者是目前整个黄河下游河道整治所采用的治理策略。

自20世纪50年代以来，黄河下游河道整治方略边争论边实践。在黄河下游河道整治过程中，陆续提出了四类河道整治方案，分别是湖渠化治理、江心洲治理、"麻花形"治理以及弯曲整治[36-38]。经过众多治黄科技人员讨论，提出了以湾导流，因势利导是黄河下游河道整治的基本原则。即采用微弯控制方案，以弯曲平面形态和治导线为特征，归顺流路，控导河势。使得黄河下游河道形成相对稳定河道的治河目标。科研人员采用物理模型、工程实践等手段讨论黄河下游河道整治前后河道演变及河型转化问题[38]，认为只要工程布局合理，最后可转化为限制性弯曲型。有学者提出了以中水整治，小水控制，通过河道整治工程的实施，黄河下游游荡型河道可以被整治为相对稳定的河道[39]。胡一三[35]指出游荡型河段整治成微弯型河道是个较好的方法，并通过治理初步成果论证了整治原则可行性，提出了适用于指导黄河下游河道整治的基本原则，即微弯整治，如图1-4所示。据统计，截至2020年，黄河下游河段共有丁坝（坝垛）近万道。按规划，后期陆续规划实施续建及加固，至2035年，实现下游游荡型河势有效控制，切实提高下游中水河槽行洪能力[3]。

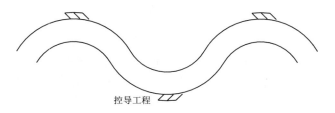

控导工程

图1-4　游荡型河道微弯整治示意图

彭瑞善[38]基于模型试验及工程实践等技术手段对微弯整治可行性及适用性进行了进一步的详细论证。认为通过整治工程控导，形成长期稳定流路以及高效输沙中水河槽，且具有典型的弯曲形态。随着黄河下游河道大规模整治工程建设陆续实施，使主流摆幅减小，河势基本趋于稳定。钱宁等[15] 指出，黄河中下游修建水库以后，下泄洪峰流量减小，下游河床坡降逐步调平，河床组成物质发生粗化，使流速减小，泥沙可动性相对降低。主流位置日趋稳定后，下游游荡型河型便会逐渐转化为弯曲河型。

1.2.2.2　治导线方程

自然条件条件下，常采用正弦派生曲线描述弯道形态。但因河湾形态千差万别，正弦派生曲线难以准确地描述河流弯曲形态。后续提出了改进正弦扩展曲线，即 Kinoshita 型曲线，用以非对称河流弯曲形态描述，关系式[10] 如下：

$$\sigma_c(s) = 2\pi\omega\sin\frac{s}{M} + \omega^3\left[J_s\cos\left(\frac{6\pi s}{M}\right) - J_f\sin\left(\frac{6\pi s}{M}\right)\right] \tag{1.1}$$

式中：M 为曲线波长；ω 为弯道中心角；s 为弧长；J_s 为偏斜度系数；J_f 为丰盈度系数。

有学者考虑弯道凹岸侵蚀运动，以反映水流对弯道凹岸冲刷影响平面形态演变，提出了描述弯道形态的方程式，方程具体形式[40] 如下：

$$\sigma_c(s) = \omega\sin\kappa + \omega^3\left[\frac{1}{192}\sin\alpha + \frac{\sqrt{2(b+Fr^2)}}{128}\cos^3\alpha\right] \tag{1.2}$$

式中：α 为相角；Fr 为弗劳德数；b 为系数。

上述讨论成果描述了弯曲河流形态特征，但成果均是对自然条件下河流形态描述。对于黄河下游河道弯曲形态而言，是一种人为控制限制性弯曲形态。受控导工程影响，弯道形态如偏斜度及丰盈度均与自然河流弯曲形态存在显著差异，其差异特征以及如何精确描述工程控导弯道弯曲形态及流路亟须开展专题讨论。

国内有学者关注了黄河下游河道弯曲形态，提出了极坐标条件下的表达式。其本质上仍是正弦曲线的扩展，其表达式[41] 如下：

$$r = R_z - \bar{\omega}\sin\frac{x_s}{M}\pi \tag{1.3}$$

式中：$\bar{\omega}$ 为正弦曲线摆幅；x_s 为弯道轴线至某点距离。但对于黄河下游而言，河道弯曲形态受到控导工程约束，采用上述曲线描述其弯曲趋势有待商榷。

黄河下游河道整治治导线规划设计参数主要依靠对已有工程统计结果或借助被认为整治效果较好"模范河段"确定，尚带有一定经验性。如江恩惠等[42] 认为对于弯道形态其决定因素是河床纵比降和床沙特征粒径。由此，得到黄河下游游荡型河段整治（平滩）流量下的弯道形态参数方程：

$$\sigma_c(s) = 721\left(\frac{D_{50}^{0.33}}{J}\right)^{0.49} \tag{1.4}$$

$$\omega = 0.04 k_\omega \left(\frac{D_{50}^{0.33}}{J} \right)^{1.25} \tag{1.5}$$

式中：k_ω 为方向角放大系数；D_{50} 为泥沙中值粒径。

马良等对黄河下游游荡型河段治导线方程进行了专题讨论，获得了一系列特征参数，数学计算式[43] 如下：

$$\omega = 0.18 \frac{V_z}{V_c} \left(\frac{Q_z}{Q_s} \right)^{1.25}$$

$$\sigma = \frac{5.28}{5.28 - \omega^2}$$

$$R_c = (0.25L - 0.054L\sigma\cos\omega)/\sin\omega$$

$$T = 2L(0.17\omega^2 - 0.0013\omega + 0.039)$$

$$\sigma_c(s) = 1.76 h_w \frac{1386 \frac{g}{C_w^2} - 45.4}{5.75 \frac{g}{C_w^2} - 0.306} \sqrt{5.28 - \omega^2} \tag{1.6}$$

式中：Q_z 为整治流量；Q_s 为实际流量；V_z 为造床流速；V_c 起冲流速；T 为弯道跨度；C_w 为弯顶的谢才系数，其他具体参数详见变量符号意义。

上述成果推动了河流动力学及河床演变学中相关问题研究，在治河实践中发挥重要作用。但流路属于理想的设计流路，与目前黄河下游现状流路曲线是否存在差异，是否符合未来的演变趋势等均未知。加之黄河下游密布控导工程，经长期控导，河道形态等特征发生了改变；因此对于工程控导弯道流路方程讨论是亟须的，也是必要的，有待于进一步总结与提高。

1.2.2.3　小浪底水库运用后期河道演变特征

小浪底水库运用后，下游河道过流能力得到提高[8]。齐璞等[19] 指出，小浪底水库运用 15 年后下游河道强烈冲刷过流能力迅速增大。余阳等[44] 以黄河下游游荡河段 1986—2015 年实测大断面资料为基础，分析了小浪底水库运用前后河床调整过程及过流能力变化。认为小浪底水库运行后，黄河下游河道持续冲刷，平滩河宽与水深增加，河相系数逐年递减，横断面形态总体向窄深方向发展，主槽过流能力明显增加。除此之外，游荡程度也得到了控制。

受小浪底水库水沙调控影响，黄河下游游荡段主流摆幅进一步降低。对比各时期主流线，2000—2008 年主流摆幅为 1960—1964 年的 $16\%\sim34\%$[45]。陈建国等[46] 进一步讨论了河道平面形态发展趋势，认为主流摆幅明显减小，河道平面形态基本稳定。王英珍等[47] 以 1999—2016 年黄河下游游荡段汛后卫星遥感影像与实测河道横断面资料为基础，讨论小浪底水库运用后游荡段的主槽摆动特点，认为游荡段主槽摆动宽度及强度呈逐渐减小趋势。景唤等[48] 通过动床物理模型试验，发现中小流量下游荡段仍存在横向摆动的可能，且随着流量增大，主流弯曲系数减小。闫超德等[49] 讨论了 2013—2017 年黄河下游水面面积及长度变化、河流摆动以及河流重叠度变化。认为在研究年限内，主流摆幅逐渐缩小，游荡型逐年减弱，河型趋于稳定，小浪底水库的调控作用日趋显著。河道平面形态除花园口至黑岗口河段仍具有较强的游荡特性外，其余河段的游荡型均明显减弱，个别河段出现弯曲河道的外形[50]。夹河滩至高村河段河势已基本趋于稳定[8]。

黄河下游河道长期处于小流量，低含沙水沙过程，整治工程与水沙过程不匹配现象逐渐突出。主要表现在两个方面：一是河势脱离控导工程，即不靠流，易形成畸形河势；二是工程局部冲深过大，影响工程自身安全。黎桂喜等[51] 分析了小浪底水库运用后下游河势的变化，认为游荡型河道的大部分河段河势流路不稳定，心滩、嫩滩明显增多。不仅如此，还导致主槽展宽，不少河道整治工程靠流位置下挫甚至脱河[52]。刘燕等[3] 认为，黄河下游长期处于低含沙、小流量的水流过程，部分河道整治工程的送流长度不足，河势上提或下挫的现象屡有发生。因部分河道整治工程与新的水沙关系不匹配，下游河势极易发生调整，使得现有流路与规划流路不一致，一些河段出现畸形河势。文献［39］指出小浪底水库运用后，小流量过程历时延长，中常洪水量级减小。黄河下游河道整治工程对河势的控制作用受到影响，部分河段主流不能得到有效控制，局部河段畸形河势时有发生，给防洪带来不利影响。万强等[53] 讨论了长期小水作用研究河段畸形河势演变特点。小浪底水库运用后，长期下泄清水，黄河下游河势发生较大变化，个别河段现有河道整治工程的适应性明显不足[54]。薛博文等[55] 认为长期处于小流量的过程，局部河段与中水整治工程布局存在不匹配现象，突出表现为畸形河势的形成。这一现象不仅会造成滩区塌滩，且随着畸形河道的发育，有可能形成横河、斜河等不利河势，造成主流直接对大堤顶冲的风险。

1.2.3　控导工程附近水沙作用规律

黄河下游控导工程以坝、垛为主要工程形式，其中长度略大的为丁坝。因其对水流挤压效果显著，建设后对河道具有强烈的扰动作用，易引起局部水沙作用规律改变。分别从丁坝附近水流结构、河床局部冲淤变形等方面进行回顾和总结。

1.2.3.1　丁坝附近水沙作用规律

国内外有学者详细总结并描述了丁坝附近典型水流结构，见图 1-5。丁坝附近具有典型的涡流结构，如马蹄涡、卡门涡等复杂湍流结构。除此之外，还包括[56]：①丁坝上游与侧壁区域，呈现周期循环的环流；②由于丁坝上游垂向压力梯度停滞，而形成强大的下潜流，并引起丁坝上游局部范围壅水；③由于下潜流和边界层的相互作用，形成一种呈现周期性振荡的马蹄涡；④丁坝下游尾流区域，具有卡门涡街、回流等水流结构；⑤其他还包括尾流、主要流区之间的完全湍流和动态的分离剪切层区域，以及丁坝下游，更接近主流区域的大规模、低频率、非稳定的涡流。

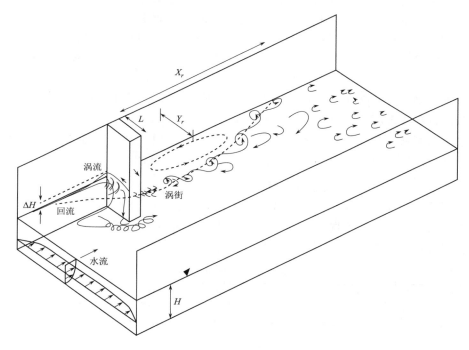

图 1-5　丁坝附近水流结构[56]

实验观测、数值模拟技术是获得湍流结构的两类重要技术手段。采用声学、光学等设备，如 PIV 及 LDV 等高精度测流设备，观测建筑物周围马蹄涡的分布特征。唐洪武[57] 采用粒子测流技术获得了流场紊动特征。油膜摄影、片光源等技术也分别用于观测丁坝附近三维流场[58-59]。苏伟等[60] 通过动床试验分析了丁坝不同坝型对水流紊动特性的影响，讨论了紊动特性与河床冲刷间联系。张可等[61] 通过水槽实验，分析了丁坝附近水流紊动强度沿水深方向、水流方向和横向分布特征，同时还讨论了丁坝挑角对水流紊动的影响。除此之外，郭维东等[62] 利用三维声学多普勒流速仪，讨论了弯道段丁坝附近水流紊动特性。顾杰等[63] 讨论了丁坝对弯道水面线的影响，指出丁坝改变弯道凹岸弯顶附近纵向水面线形态，减小弯道内的沿程横比降，削弱弯道内的横向环流。丁坝下游还存在较大范围回流区。有学者重点关注了回流区水流结构特征。张华庆等[64]对回流区水流紊动特性进行了研究，得到了丁坝回流区水流紊动动能分布规律。

Bouratsis 等[65]观测了冲刷坑三维形态演变过程，详细描述了冲刷坑体积随时间演变趋势。Kuhnle 等[66-67]认为随时间演变，冲刷坑体积与局部冲深比值近似为常量。Diab[68]报告了随时间演变，局部冲深与冲刷坑体积呈现三次多项式函数关系，冲刷坑体积随时间演变呈现幂函数增长。从空间维度特征看，Fael 等[69]提出了采用局部最大冲深预测冲刷坑平面面积与体积的经验公式。在上述研究成果基础上，后续的研究者对冲刷坑几何参数预测做了较多补充或修正工作[70-71]。

近年来，虽局部冲刷坑三维形态的演变趋势被关注，但建筑物局部冲刷坑三维结构演变观测更依赖于测量手段的改进。目前，激光传感器及高分辨率监控系统、高速激光扫描等技术逐渐应用于桥墩或丁坝冲刷坑三维结构观测[72]。借助新的测量手段，丁坝附近微地貌演变特征逐渐被观测。

1.2.3.2 丁坝下游大尺度沙波发育

沙波是推移质运动的主要形式，沙波的产生、发展及形态特征对河道演变影响显著。有学者对不同水动力环境条件下沙波几何参数以及参数之间的关系进行了统计，见表1.2。

表1.2 沙波几何参数关系表[73]

研 究 者	水动力环境	波高—水深	波长—水深	波高—波长
Yalin（1964） Rubin（1980）	单向流水槽实验	$H_s = 0.167H$	$L_s = 2\pi H$	
Francken（2004）	斯海尔德弯	$H_s = 0.25H$	$L_s = 9H$	$H_s = 0.0321L_s^{0.9179}$
Van Landeghem（2009a）	爱尔兰海流	$H_s = 0.388H$	$L_s = 0.601H^{1.2169}$	$H_s = 0.0692L_s^{0.802}$

水动力环境和泥沙特性是影响沙波形态的两个重要因素。超过泥沙起动流速，沙粒开始运动，速度增加到一定程度，沙纹开始形成。水流在沙纹背水坡面形成漩涡，使泥沙产生向上剪切应力，从而维持沙纹形态稳定。但流速继续增大反而造成削峰作用，产生抑制沙波发育局面。由此可见，水动力环境对于沙波产生、演化至关重要。水流弗劳德数（Fr）常作为水动力环境代表性参数。若 $Fr<1$，水流处于低能态，沙波形成。$Fr>1$，且持续增大，会导致沙波消失，甚至出现逆行沙波[73-74]。

泥沙物理特性也是重要影响参数。包括泥沙粒径大小、形状等均会影响沙波的演化及迁移速率。粒径越大的泥沙颗粒越需要更大起动流速，而粒径较小的颗粒更容易运动而发生迁移。输沙率也是影响沙波形态发育及演化因素之一。输沙率加大，通常会发育直线形沙波；而输沙率偏小甚至不足时，泥沙得不到有效补充，会发育新月形沙波。但沙波并不是一成不变的，存在相互演化的情况，如呈现沙纹、沙垄、沙波形态间转化[73]。

毛野等[75]采用粒子图像速度场将水流流动与电脑图像相结合，展示了沙波床面上紊流拟序结构，指出水流在沙波坡顶处分离，以坡顶为界限，高于坡顶区域称为自由紊流区，低于顶部区域称为沙波紊流区。两区域紊流拟序结构明显不同，自由紊流区是以喷射和清扫为主要特征的猝发现象。两区域紊流拟序结构的不同进而导致沙波发育和迁移规律的差异性。何立群等[76]通过数值模拟技术讨论了沙波附近水流结构特征，指出沙波波峰上方的流场结构受沙波形态影响较小，而在沙波波峰下方壁面区域，流场受沙波形态影响较大。表现为剪切应力分布不均，水流呈现为绕流、漩涡等复杂形态，并且波峰上方产生顺时针涡体，而波谷上方产生逆时针涡体。流场中垂直、平行于流动方向的涡结构会影响河床沙质纵向、横向的推移。从已有的研究成果看，沙波波谷区域流态最为复杂，存在绕流、旋涡等湍流结构，而且其流态又决定了沙波的演化和迁移特征。

目前，黄河下游河道长期清水冲刷，河床粗化，引起河道对水流阻力增加[18]。但并没有相关文献针对控导工程所诱发大尺度沙波对附近河床阻力的影响进行详细讨论。

1.2.4　弯道环流及水沙作用规律

弯道水流结构和泥沙运动规律是河流动力学难点问题。目前大量的研究成果讨论了弯曲河流水沙运动特性和河床演变规律，如弯曲河流的水流结构、横向环流、推移质输移和床面形态变化特征等。

弯道内水流结构较复杂。水流在离心力作用下，弯顶处水面凹岸高而凸岸低，形成水面横比降。自由表面处水流流速略大，流向凹岸；而接近河床底部流速较小，流向凸岸；在横断面内形成封闭的横向环流。此环流与纵向水流叠加并结合在一起，形成顺主流方向呈螺旋形向前运动的水流。特殊的水流结构导致特殊断面形态的产生。横向环流使弯道内一部分泥沙横向输移，并在凸岸淤积，形成水浅流缓的浅滩。在凹岸，水流从上向下，且流速较大，含沙量较小，侵蚀并淘刷岸线。从河床纵剖面看，呈波状起伏变化特征。随着时间演变，凹岸受水流不断剥蚀，坍塌，岸线后退并向下游蠕动迁移，平面形态弯曲演变。牛轭湖形成即是弯曲河流复杂动力演变过程的历史见证。河道蜿蜒演变过程见图 1－6。

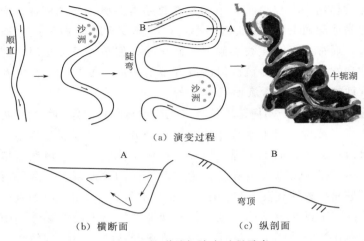

（a）演变过程

（b）横断面　　　　　　　　　（c）纵剖面

图 1-6　河道蜿蜒演变过程示意

1.2.4.1　弯道环流

弯道几何参数包括弯道中心角、半径、宽深比等，均影响弯道内水流结构特征。河道宽深比与河道弯曲率是影响弯道二次流的两个重要参数。河道弯曲率 $R/B=3$ 是强弯与过渡弯道、缓弯的分界。二次环流强度随着 R/B 降低（即弯道变急）而变强，且更易产生流动分离现象。主环流在该作用下发生变形且涡核位置向凹岸移动。水流分离区流速减小，流态紊乱；其位置一般介于弯顶至下游约 $150°$ 范围内[77]。流出分离区后，主流扩大至整个断面，环流中心点向凸岸移动[78]。陈启刚等[79]发现在较缓弯道存在中心环流，同时位于凹岸近水面处呈现规模较小反向次生环流。Bai 等[80]指出自然河流局部河道迁移速率在曲率半径与河道宽度比率接近 3 时最大。

二次流强度出现饱和现象后与参数 H/B 大小无关[81]。白玉川等[82]发现在弯顶断面除了主环流外，凸岸近水面处出现同向次生环流。水流流过弯顶，两个同向环流的涡核均向凹岸移动。同时还发现，由于两个环流的相互作用，使得在两个环流中间位置近水面处出现一个逆向次生环流，该环流很快衰减，在弯道出口处消失；其他两个环流的涡核一直向近底流动，并逐渐衰减。核心流速移动方向与涡核移动方向相反。Blanckaert 等[83]指出，人工渠道及山区河流中，断面宽深比一般小于某一特定值，则易产生二次环流。Termini 等[84]进一步给出了阈值条件，即 $B/H<10$ 时，在弯顶断面的凹岸近表面处存在反向环流，且该环流可有效地抑制蜿蜒河流的岸壁侵蚀和河流平面形态的演变。

1.2.4.2　弯道内泥沙输移规律

弯道存在横向环流，使泥沙颗粒起动所需纵向近底流速与顺直河段不同。

王鑫[85] 详细讨论了弯道水流作用下的卵石运动规律。认为横向流速与纵向流速共同作用于卵石颗粒上，形成流速夹角，该夹角使泥沙颗粒所受水流作用力发生改变，在一定程度上影响着卵石的起动流速与运动方向。泥沙运动方向在近床面处同螺旋流的底部流向一致，即横向环流在河底进行泥沙的攫取，然后将河底含沙量大且泥沙颗粒较粗的水体带向凸岸边滩。受弯道环流影响，凸岸发生淤积，凹岸发生侵蚀，并加剧弯道内推移质输运。其所形成的输沙带主要位于弯道凸岸侧，如弯顶及其上下游局部河段。其主要是受水流弗劳德数 Fr 影响，呈现正比关系。Fr 增大，单宽输沙率也相应增大。Constantinescu 等[86] 发现次生环流出现必要条件是曲率突变，次生环流叠加在点沙波上会引起水流与地形的附加反馈作用。推移质的横向输沙在弯道中同时表现为同岸及异岸输移两种方式，泥沙异岸输移的规模随流量的增加而减小，且规模小于同岸输移。

自然条件下的弯道水流和泥沙作用规律已取得大量共识。但控导工程影响弯道内环流变化，当地河床演变规律，以及河道形态弯曲演变过程等均有待深入讨论。

1.3　本书主要内容

本书以黄河下游游荡河段为研究对象，依据水文及河道地形勘测资料，采用物理与数值模拟结合手段，分别讨论研究河段河型转化、控导工程对河道主槽与平面形态的影响特征、控导工程附近水沙作用基本规律以及工程控导弯道水流能耗率及演变相对稳定阈值条件等。深入研究控导工程对黄河下游游荡段河道演变的影响。本书研究技术路线简述如下：

第 1 章介绍黄河下游游荡段河道整治背景，搜集国内外关于河道演变规律、河型转化及弯道演变机理等相关文献及研究成果，提出目前研究河段所面临的问题，细化研究内容，明确技术路线及研究目标。

第 2 章利用黄河流域实测水沙、河道地形及历史数据等资料，分析目前黄河下游河段水来沙过程变化特征，河床冲淤变化特征，河势演变，并选取研究河段。对比研究河段主流摆动特征、河相关系以及弯道形态等参数，探讨控导工程影响河道演变，驱动河型转化等。

第 3 章根据研究河段的水沙条件及工程边界条件划分研究时段。对比讨论水沙条件、工程量级分别对研究主槽形态、弯道形态演变的影响。揭示控导工程对研究河段弯道主槽与平面形态演变影响特征。

第 4 章开展河工物理模型试验，模拟游荡型河道形成过程。在此基础上，开展工程控导河势演变过程模拟，模拟河道弯曲演变过程，以及预测演变趋势。

第5章以河流动力学理论为指导，在弯道演变理论基础上，增加控导工程影响因子，修正弯道形态参数，推导工程控导弯道流路方程。验证流路方程的适用性。采用数值模拟手段讨论工程局部水流结构与能量损失。综合研究成果，提出并验证工程控导弯道水流能耗率定量表达式，进而进一步讨论工程控导弯道沿程与工程局部能耗分配律以及演变相对稳定临界条件。

第6章，对以上研究内容进行总结，找出不足并规划后续相关研究工作。

研究技术路线如图1-7所示。

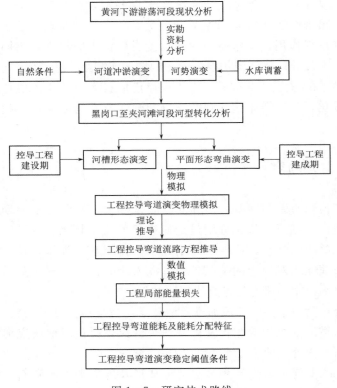

图 1-7 研究技术路线

1.4 本章小结

本章首先阐述了研究工作相关背景及研究的意义。对国内外学者在黄河下游河道整治历程，游荡型河道演变规律以及弯道水流结构及泥沙输移的研究成果进行简述和分析。

第2章 黄河下游游荡型河段选取及现状分析

2.1 研究的必要性

黄河下游河道可划分为游荡型河段、过渡性河段、弯曲型河段及河口河段。其中,黄河下游花园口至夹河滩河段(以下简称花夹河段),属于较为典型游荡型河段。此河段河长约100km,堤距约10km。河道断面宽浅,河槽宽一般达1.5～3.5km,水深较浅。平滩流量下,断面河相关系值介于20～40,平均弯曲系数为1.15～1.25。河道整治前,此河段河道内沙洲密布,歧流丛生,有时多达4～5股,呈游荡型特征。

据统计,截至目前,黄河下游河南段河道整治工程包括控导工程219处,坝垛4625道,工程总长度约427.4km;险工135处,坝垛5279道,工程总长度约310.5km[87]。其中,花园口至黑岗口河段(以下简称花黑河段)共布置控导工程10处,工程总长度约49km,工程总长度占河道总长度的70%。黑岗口至夹河滩河段(以下简称黑夹河段)共布置控导工程12处,工程总长度约30km,工程总长度占河道总长度的75%。黄河下游花园口至夹河滩河段河道平面如图2-1所示。

如前所述,对比河道整治前后,在控导工程的影响下,研究河段游荡特性有所改善,河势演变逐渐稳定。但对局部河段而言,其游荡特性并没有改变,如遇不利条件,仍会复现"宽、浅、乱"面貌[88-89]。也就是说,控导工程通过对当地河势的约束,使其弯曲演变。主要包括两方面:一是主槽断面形态演变;二是弯道平面形态演变。

本书选取花园口至夹河滩河段为研究对象。1950年以来黄河下游建立了花园口、夹河滩等水文测站。资料包括两个站1950—2014年以来的水沙资料、1950—2014年以来河道大断面勘测数据、1950—2016年河势与主流线资料。水沙、断面及河势等资料较丰富,为分析黄河下游河道演变规律提供了重要科学依据,但部分资料的统计年限略存差异。分别从水沙条件变化、河床冲淤演变等方面讨论目前研究河段的现状,并针对控导工程对河道演变的影响以及影响程度提出相关问题,以进行后续深入探讨。

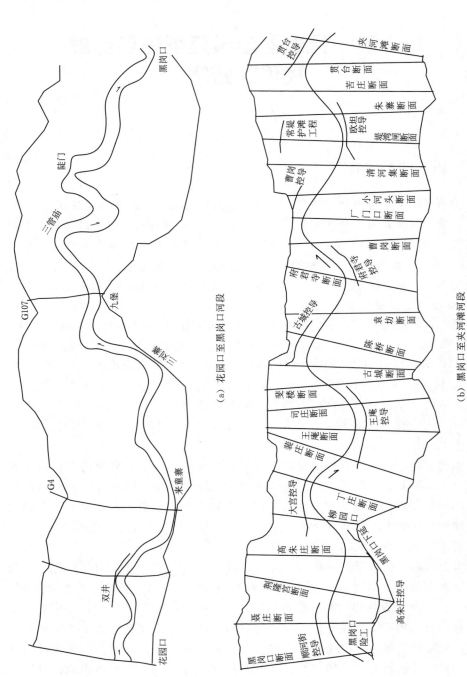

（a）花园口至黑岗口河段

（b）黑岗口至夹河滩河段

图 2-1　黄河下游花园口至夹河滩河段河道平面示意

2.2　来水来沙及水沙搭配关系

2.2.1　自然条件

据史料记载，1761 年黄河下游花园口站最大流量 32000m³/s。1933 年 8 月花园口站洪峰流量 20400m³/s，且为高含沙洪水，造成河道淤积严重。

1949—1960 年（自然条件），发生了 2 次典型的洪水过程，如"54·8"洪水及"58·7"洪水。两次暴雨洪水主要来自三门峡与花园口区间。1954 年 8 月 5 日洪峰流量 15000m³/s，最大五日洪量 33.58 亿 m³，大于 10000m³/s 以上历时 26h，洪峰传至孙口站形成一个较胖过程。"54·8"洪水典型过程线见图 2-2。

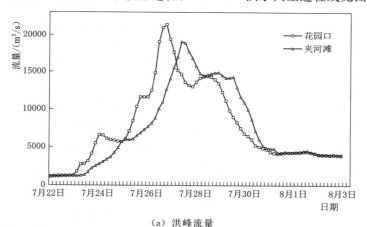

（a）洪峰流量

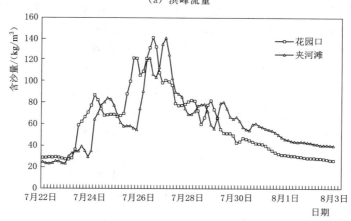

（b）含沙量

图 2-2　"54·8"洪水典型过程线

"54·8"洪水导致下游河道几乎全部漫滩，花园口、夹河滩水面宽分别为5250m 和 1410m；主槽宽分别为 880m、1050m；主槽过流比分别为84%、96%。本次洪水含沙量不大，花园口站最大含沙量仅有 111kg/m³。"58·7"洪水是自黄河有实测水文资料以来的最大洪水，花园口站 7 月 17 日 24 时洪峰流量22300m³/s。这次洪水主要是 7 月 14 日至 18 日黄河中游三门峡至花园口干流区间和伊洛河流域持续性暴雨所造成。花园口、夹河滩站洪峰水面宽分别为 5350m、6190m；主槽宽分别为 1400m、1570m；主槽过流比分别为 86%、96%。

从水文统计特征看，自然条件下，花园口站洪峰流量超过 10000m³/s 的大漫滩洪水有 6 次，属于典型丰水多沙系列。

2.2.2 三门峡水库运用期

三门峡水库蓄水拦沙期（1960 年 9 月—1964 年 10 月）下泄清水。1964 年 7 月 28 日 9 时，花园口水文站发生 9430m³/s 洪水，5000m³/s 以上流量持续时间长达 4 天。虽然本次洪水水量大，但含沙量较小，花园口以下河段河道冲刷明显。

三门峡水库滞洪排沙及蓄清排浑运用期（1964 年 11 月—1973 年 10 月；1973 年 11 月—1985 年 10 月）。期间发生数次较为典型的洪水，如"76·8"洪水。1976 年 8 月 27 日，花园口水文站洪峰流量 9210m³/s。此次洪水历时较长，花园口站 6000m³/s 以上的流量持续 10 天，8000m³/s 以上的流量持续7 天。此次洪水含沙量小，花园口站最大含沙量仅为 51.9kg/m³。河道沿程冲淤变化幅度较小。与之相反的是"77·8"洪水。因降雨落区集中在中上游高产沙区，8 月 8 日 13 时到达花园口时含沙量为 437kg/m³，花园口站沙量为5.88 亿 t。此次洪水为高含沙水流，下游洪水位沿程变化剧烈。

再如典型的"82·8"洪水。1982 年 8 月 2 日黄河下游花园口站出现洪峰流量 15300m³/s 洪水，是新中国成立以来仅次于 1958 年大洪水。下游河道滩区普遍漫水，花园口、夹河滩站洪峰水面宽分别为 2830m、2180m；主槽宽分别为1370m、1310m；主槽过流比分别为 80%、82%。除此之外，1981 年、1983 年、1985 年均发生洪峰流量大于 8000m³/s 洪水，而且洪量较大，含沙量偏低，中水流量（3000~5000m³/s）历时年均 40 天，水、沙量均占汛期的 44%左右。

综上所述，黄河下游河段具有洪枯流量、含沙量变幅大特征。有记录以来花园口站实测最大洪峰为 22300m³/s（1958 年 7 月 17 日）、最小流量为4.25m³/s（1986 年 6 月 17 日）；最大含沙量为 546kg/m³（1977 年 7 月 10 日）、最小含沙量仅有 0.066kg/m³（1968 年 6 月 15 日）；呈现来水量及沙量年际间变化大特征。平均径流量为 449 亿 m³，其中最大为 861.1 亿 m³（1964 年）、最小

201 亿 m³（1960 年）。沙量变化也较大，最大年输沙量 27.8 亿 t（1958 年）、最小 2.5 亿 t（1987 年），相差 11 倍，且年内水量变化也不均匀，年内来水来沙集中在 7—10 月的汛期，多年平均汛期径流量占全年径流量的 62.9%，多年平均汛期输沙量占全年输沙量的 89%。

2.2.3　小浪底水库运用后期

小浪底水库 2001 年投入运用，受水库调蓄，黄河下游河道水沙过程出现明显的变化，以花园口与夹河滩两水文站水沙过程为例，讨论其变化特征，水沙过程见图 2-3。

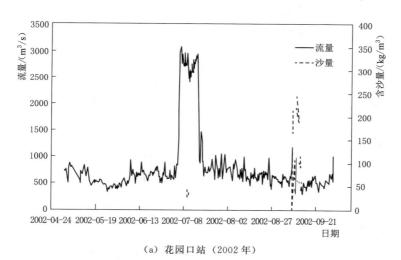

（a）花园口站（2002 年）

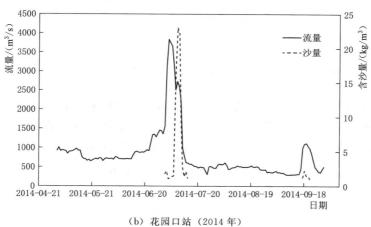

（b）花园口站（2014 年）

图 2-3（一）　黄河下游花园口和夹河滩水文站水沙过程线

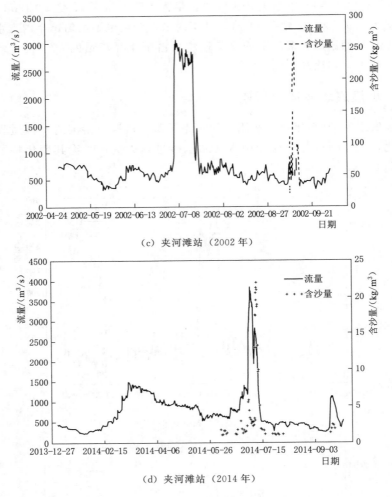

（c）夹河滩站（2002年）

（d）夹河滩站（2014年）

图2-3（二） 黄河下游花园口和夹河滩水文站水沙过程线

　　花园口与夹河滩两个水文站的最大洪峰流量均保持在 $3500\sim4000\text{m}^3/\text{s}$，基本与小浪底水库运用前的最低值持平。两个水文站含沙量峰值略差别，花园口站含沙量介于 $8\sim80\text{kg/m}^3$，最大和最小值相差 10 倍左右。相较而言，因夹河滩水文站距离花园口水文略远，同时期内，含沙量峰值明显偏小，介于 $3\sim60\text{kg/m}^3$，最大和最小值相差 20 倍。

　　陈建国[90]进一步指出，1995—2000 年花园口站年平均来水量 377.2 亿 m^3；此站 2000—2010 年期间年平均来水量为 234.85 亿 m^3；减少约 37.7％。年输沙量由前一时段的 8.99 亿 t，减少到 1.03 亿 t，减少了近 88.5％。年均流量、年均含沙量递减。余阳等[44] 详细讨论了 1950—2015 年花园口站汛期来水来沙量逐年调整情况；2000—2015 年，自然来沙量减少，加之小浪底水库的拦截，其下游的沙量显著减少；年水量大幅度减少，水量年内分配发生变化，汛期水量占全年水量的 30%～50%；洪峰流量削减，流量过程均匀化，洪水总量减少，水沙关系失调。由此可见，黄河下游水沙关系受小浪底水库排水排沙运用方式影响显著，但总体上依然呈现小水，低含沙量特征。

来沙系数反映了水沙搭配关系，也可间接反映河道冲淤变化趋势。统计花夹河段来沙系数变化特征，见图 2-4。

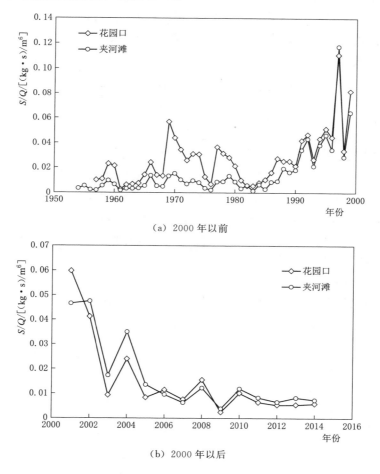

(a) 2000 年以前

(b) 2000 年以后

图 2-4　花夹河段来沙系数

从图 2-4 中可看出，2000 年以前来沙系数递增；2000 年以后来沙系数递减。表明小浪底水库运用后，基本呈现年均流量，年均含沙量呈递减趋势，即水沙搭配关系呈小水，低含沙量典型特征，必然导致下游主槽普遍冲刷下切。

黄河下游不同时段来水来沙量、水沙搭配关系变化幅度均较大。与水利工程调蓄影响密切相关。水利工程的调蓄改变了水沙搭配关系，往往形成低含沙水流特征。

2.2.4　来水来沙预测

陈建国[90]统计了 2000—2013 年黄河下游河道流量小于 800m³/s 的小水天数，并与全年流量进行对比，发现小浪底水库运用后小水天数的占比明显增大，由 1949—1960 年的 43.78% 上升到 63.45%。根据黄河下游水文统计资料，汇总研究时段内黄花园口水文站日均流量大于等于 1000m³/s，日均含沙量大于等于 10kg/m³ 的天数。统计数据见表 2.1。

表 2.1　　　　　　　　花园口站大于某一流量与含沙量天数统计

判别标准	天数			
	2007 年	2009 年	2011 年	2014 年
流量≥1000m³/s	45	24	32	22
含沙量≥10kg/m³	53	2	26	10
占全年的比例/%	12.33	6.58	8.77	6.03
	14.52	0.55	4.38	2.74

从表 2.1 中可看出，无论是日均流量，还是日均含沙量，年际间基本上均呈现逐年递减趋势。

其变化趋势图也基本验证了这一特征，见图 2-5。未来一段时间内花园口水文站日均流量大于 1000m³/s 的天数基本维持在 10～20 天，日均含沙量大于

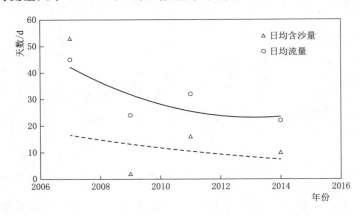

图 2-5　花夹河段日均流量与含沙量变化趋势

10kg/m³ 的天数为 20～30 天。基于此，认为在未来一段时期内，研究河段仍将长期稳定保持小水、低含沙量典型特征。

　　基于上述日均水沙调整趋势，并参考小浪底水库调节运用情况，认为黄河下游花园口 22000m³/s 流量出现的几率减小，花园口洪水流量将不会再超过10000m³/s。若自然径流量预测采用 1980 年以来降雨—径流关系推算，预估2014—2030 年从丰向枯转变，为平水年。经计算，2014—2030 年进入下游水量平均为 250 亿 m³ 左右，接近于 1990 年以来实际来水情况[91]，详见图 2-6 及图2-7。

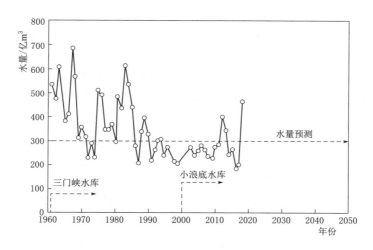

图 2-6　黄河下游来水量特征

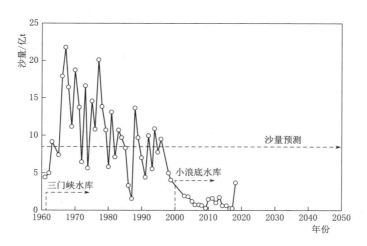

图 2-7　黄河下游来沙量特征

2.3　河道冲淤演变特征

2.3.1　主槽形态

滩槽形态演变与水沙过程、河道边界条件紧密相关。不同的水沙过程与边界条件就会塑造出不同的滩槽形态，是冲积河流河床演变研究重要内容[17]。通常采用 3 个形态参数来描述，可分为横断面、纵剖面和平面形态。纵向形态主要体现在沿程河床纵比降变化。横断面宽深关系式，也称河相关系式，采用下式[92]：

$$\varphi = \frac{\sqrt{B}}{H} \tag{2.1}$$

式中：φ 为河相关系系数；B 和 H 为相对于平滩流量的河宽、平均水深。

本节通过对上述参数的统计，着重讨论不同时期水沙过程影响黄河下游河道滩槽形态特征、冲淤演变特征。

2.3.1.1　横断面

黄河下游断面形态均呈现复式断面，分为主槽和滩地。洪水期漫滩过水，因滩面糙率大，易造成泥沙落淤；主槽糙率略小，易冲刷。汛后主槽水位下降，漫滩水流泥沙沉积，清水入槽冲刷主槽。这种泥沙交换模式促使河流冲淤演变[93-94]。

花园口、夹河滩是花夹河段上下游两个重要的水文测站。两个测站的河道断面形态特征对于花夹河段而言具有较好的代表性。因此，可通过两个测站的实测断面资料分析，讨论研究河段的断面形态的一般特征。两个代表断面的历年断面形态套绘见图 2-8 及图 2-9。

小浪底水库运用前后，均呈现复式断面。花园口断面河宽由 5000m 减少至约 2000m。这一数值同文献［90］所采用的数值基本一致。夹河滩断面河宽由 2000m 减少至约 1000m。小浪底水库运用前后，两个断面河床深泓抬升和下切交替演变，如花园口断面 1995 年深泓高程较 1965 年抬高约 1m；夹河滩断面 1994 年深泓高程较 1965 年抬升近 4m。小浪底水库运用后，深泓高程均降低，主槽冲刷下切；2002—2014 年，下切均值达 3m 以上。

断面深泓点位置年际间变化间接反映了主槽摆动特征。水库运用前，花园口断面主槽摆动幅度较大，介于 1000～5500m。水库运用后，摆动幅度明显减弱，特别是夹河滩断面，2005 年以后摆动幅度小于 1000m。

2.3.1.2　河相关系

为便于对比，提取主槽形态相关参数，即河宽与平均水深。其中花园口断

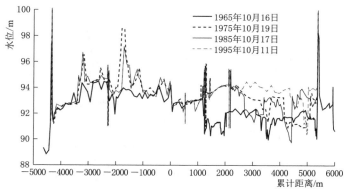

（a）小浪底运用前

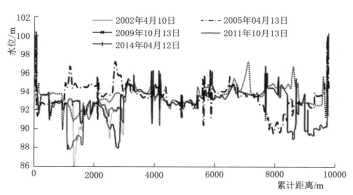

（b）小浪底运用后

图 2-8 花园口断面套绘

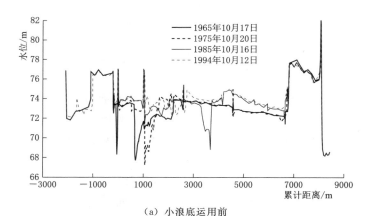

（a）小浪底运用前

图 2-9（一） 夹河滩断面套绘

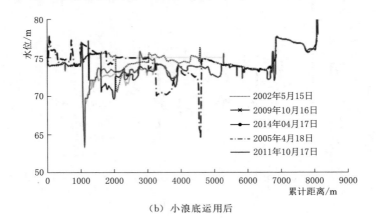

（b）小浪底运用后

图 2-9（二）　夹河滩断面套绘

面河宽与平均水深引用文献［90］资料。夹河滩站断面河宽与平均水深根据实测资料计算。夹河滩断面河宽与水深演变特征见图 2-10。

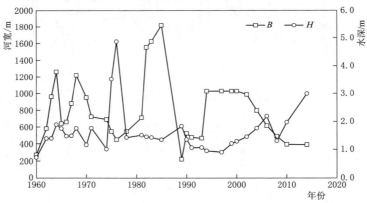

图 2-10　夹河滩断面河宽与水深演变特征

从统计数值可看出，20 世纪 70—80 年代，此断面河宽与水深出现较大幅度波动，这与此时期"76·8"及"85·8"洪水密切相关。即两次洪水均呈现洪量较大，含沙量偏低的特性，造成河床主槽冲刷、展宽。2000 年以后，河宽减小趋势显著，由 1000m 减小至不足 500m。再对比水深变化，其呈现相反的趋势。即 2000 年以后水深逐年增大，由 1.5m 增至约 3.0m。

根据上述内容，进一步统计研究河段其他断面河宽、平均水深参数，文中不再一一展示。根据统计参数计算并讨论各研究河段河相关系系数调整特征，见图 2-11。

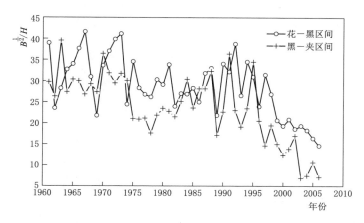

图 2-11 断面河相关系年际间调整特征

由图 2-11 可以看出，1960—1975 年，两个断面的河相关系系数变幅略小，均值约为 35。从河相关系系数看此河段呈现游荡特征。1975—1985 年，呈现明显的减小趋势，均值由 35 减至 25 左右。1985—1995 年，河相关系系数再次增大，甚至接近 20 世纪 60—70 年代水平。1995 年以后，河相关系系数逐年递减，由 35 减少至 15 左右。夹河滩断面河相关系系数更小，系数减小至 10 左右。

造成河相关系系数变幅大的因素有二：其一与控导工程建设密切相关，如 1974 年、1998 年研究河段均进行了大规模河道整治工程建设；其二与水沙关系密切相关，即流量 Q、含沙量 S 与河宽 B、流速 U 具有较高的相关性。但两个因素具体的影响程度难以区别。本节首先讨论水沙条件影响，工程对其影响在下一章中讨论。

首先统计小浪底水库运用前花园口、夹河滩两个断面 $Q=4000\text{m}^3/\text{s}$ 时流速均值年际间变化特征，见表 2.2。

表 2.2　　　　小浪底水库运用前两个断面流速变化特征

断　　面	流量/(m³/s)	含沙量/(kg/m³)	流速/(m/s)	
			50—60 年代	80 年代
花园口	4000	40	1.76	2.08
夹河滩			2.45	1.79

为便于对比，再进一步统计小浪底水库运用后花园口，夹河滩两断面流量与过流面积，继而可计算出流速。$Q=4000\text{m}^3/\text{s}$ 及以下流速均值年际间变化特征，以及对河相关系的影响，见图 2-12。

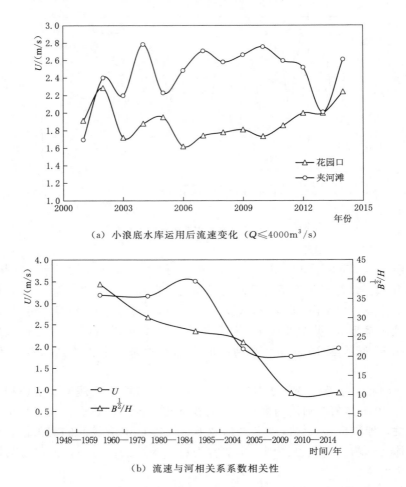

（a）小浪底水库运用后流速变化（$Q \leqslant 4000 \mathrm{m}^3/\mathrm{s}$）

（b）流速与河相关系系数相关性

图 2-12　花园口与夹河滩断面流速变化及影响河相关系特征

　　小浪底水库运用前，$Q = 4000 \mathrm{m}^3/\mathrm{s}$，20 世纪 50—60 年代花园口断面流速小于 80 年代，但夹河滩断面流速则相反，两个断面流速均值分别为 1.92 m/s 和 2.12 m/s。小浪底水库运用后，同断面及同一流量下（$Q = 4000 \mathrm{m}^3/\mathrm{s}$），夹河滩断面流速均值仍大于花园口断面，约增大 1.3 倍。这一差异特征不仅反映出花园口断面与夹河滩断面过流能力的变化，也反映出花园口附近河段主槽形态相对宽浅；而夹河滩断面附近河段主槽形态相对窄深。

　　图 2-12（b）表明，20 世纪 50—80 年代，花夹河段流速均值介于 3～3.5 m/s。80 年代后期逐渐减少，由 3.5 m/s 递减至 2 m/s，减少约 40%。小浪底水库运用后，进一步减少并保持相对恒定，基本保持在 2 m/s 左右。对比河相关

系系数，50—80 年代其值由 40 逐年递减至 25；至 2010 年以减小至 10 并保持相对稳定，总体看其中约减少 75%。

综上所述，花园口与夹河滩附近河段在主槽形态方面略存在差异，研究河段的河型发生了改变。在下述小节中进行详细讨论并验证。

2.3.2   冲淤演变

黄河下游的输沙能力与流量高次方成正比，还与前期河床条件有关，随着来水来沙条件的改变，挟沙能力的调整十分迅速，当上游来沙偏大时，河道发生淤积使床沙细化，河道输沙能力提高。当上游来沙偏小时，河道发生冲刷使床沙粗化，河道输沙能力降低。研究河段具有"多来、多排、多淤"的输沙特性。根据上述水沙量计算河道冲淤量[95-96]。各时段冲淤量变化特征见图 2-13。

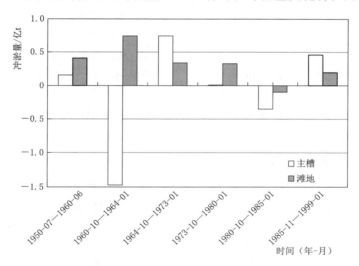

图 2-13   黄河下游各时段冲淤量变化特征

根据冲淤量变化特征，分别讨论各时段河道冲淤变化。

2.3.2.1   自然条件

自然条件下，黄河下游河道平均每年淤积泥沙 3.61 亿 t，其中汛期淤积量占年淤积量的 80%。淤积沿程分布主要在花园口及以下河段，约占全下游淤积量的 80%。横向主要分布在滩地，滩地淤积量占全断面淤积量的 75%，主槽仅占 25%。

2.3.2.2   三门峡水库运用期

1960—1964 年下游来水量较大，河道发生冲刷，冲刷量约 23.1 亿 t。1964—

1973 年下游河道由冲刷转变为大量淤积，共淤积泥沙 39.5 亿 t，平均每年淤积 4.39 亿 t，占来沙量的 27%。淤积的横向分布也发生了较大变化，泥沙大部淤积在主槽内，占全断面的 66%，滩地仅占 34%。由于滩地生产堤的影响，造成滩地淤积范围减小，基本上限制在两岸生产堤之间。

1973—1980 年下游河道年均淤积 1.8 亿 t，占来沙量 15%，是 1950 年以来各淤积时期中最小的。年内冲淤过程发生变化，非汛期由淤积转为冲刷，年均冲刷 1 亿 t 左右，汛期河道冲淤情况随来水来沙条件而变。其中花园口以上河段发生冲刷，以下沿程淤积。

1980—1985 年，由于水沙条件有利，下游河道共冲刷泥沙 4.85 亿 t，年均冲刷 0.97 亿 t。而且汛期、非汛期均发生了冲刷，其中非汛期冲刷量占全年的 97%。

1986—1999 年下游河道总淤积量为 31.23 亿 t，年均淤积 2.23 亿 t，淤积量并不大，但占来沙量的 29%。1988 年、1992 年、1994 年及 1996 年，年淤积量分别为 5.01 亿 t、5.75 亿 t、3.91 亿 t 和 6.65 亿 t，年淤积量占时段总淤积量的 68%。花园口至夹河滩段淤积最多，占全下游的 30%。淤积的横向分布十分不利，主槽淤积严重，淤积量占全断面的 73%。

综上所述，至小浪底水库投入运用前，黄河下游经历了淤积、冲刷、淤积、冲刷四个演变阶段。

2.3.2.3　小浪底水库运用期

小浪底水库运用后，由于水库调水调沙，黄河下游各个河段均发生了明显冲淤变化。据相关研究成果[96]，采用断面法计算研究河段的冲淤量，见图 2-14。

自 1999 年 10 月小浪底水库投入运用以来到 2014 年汛后，全下游主槽共冲刷 19.329 亿 m³，冲刷主要集中在夹河滩以上河段。夹河滩以上河段长占全下游的 26%，冲刷量为 11.321 亿 m³，占全下游的 59%。沿程冲刷呈现上多下少，沿程分布不均特征。从 1999 年汛后至 2015 年汛前黄河下游各河段主槽冲淤面积看，夹河滩以上河段冲刷超过了 4000m²，冲刷强度整体呈现上大下小特征。综上所述，研究河段在小浪底水库运用后整体呈现累计冲刷特征，但是受制于水库运用方式的差别，如小浪底拦沙期和排沙期，其冲淤特征也存在差异，相关研究成果丰富，本书不再深入探讨。

安催花等[97]指出，来沙系数大于 0.01 (kg·s)/m⁶，河道以淤积为主，来沙系数小于 0.01 (kg·s)/m⁶，河道以冲刷为主。按来沙系数关系，可粗略估算下游河道冲淤变化趋势。自 2010 年以后，来沙系数小于 0.01 (kg·s)/m⁶。表明目前至未来一段时期内，黄河下游河道主槽基本上仍以冲刷下切为主。

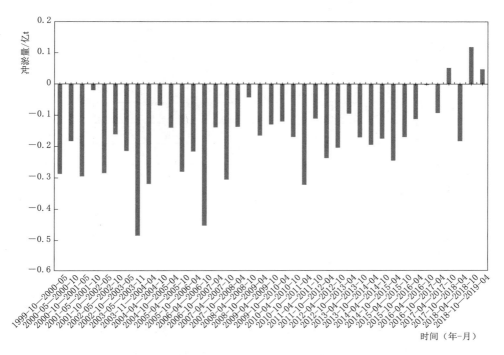

图 2-14　花园口至夹河滩河段历年冲淤量分布

2.3.3　滩槽演变

洪水期，因挟沙水流漫滩后水流流速减小，泥沙沉积造成滩地淤积；而洪峰过后，滩地水流因泥沙淤积，以低含沙量，近似清水进入主槽，导致主槽冲刷，继而形成淤滩刷槽现象。经长期演变符合"淤滩刷槽、滩高槽稳、槽稳滩存、滩存堤固"的辩证关系。

张治昊[94] 详细讨论了不同时期水沙条件对滩槽演变模式的影响，提出黄河下游滩槽演变可概化为四种模式：淤滩刷槽、淤滩淤槽、冲滩冲槽、滩槽萎缩。黄河下游河道主槽和滩地淤积分布特征，见表 2.3。

从表 2.3 中可看出，自然条件下，1950—1960 年，受漫滩洪水影响，滩槽冲淤演变特征主要表现为年际间变化大，淤积主要发生在滩地，约占全断面淤积总量 70%。三门峡水库排沙运用期至小浪底水库运用前，黄河下游河段滩地冲淤基本维持在全断面冲淤量的 30%～50%。受三门峡排沙期影响，淤积又再一次发生在滩地，其占比接近自然条件。小浪底水库运用后期，小水低含沙量条件下，冲刷普遍发生在主槽，滩地冲淤量仅占断面冲淤量的 3%。

表 2.3　　　　　　　　　　　不同时期主槽和滩地冲淤量分布

时　　段		全断面/亿 t	主槽/亿 t	滩地/亿 t	滩地占比/%
自然条件	1950—1960 年	3.61	0.82	2.79	77
三门峡水库运用期	1961—1964 年	−7.57	−4.06	−3.51	46
	1965—1973 年	4.44	3.42	1.02	23
	1974—1980 年	1.58	0.42	1.16	73
	1981—1985 年	−1.42	−1.8	0.38	27
	1986—1999 年	2.29	2.14	0.15	7
小浪底水库运用期	2000—2012 年	−1.72	−1.77	0.05	3

2.4　河势演变

2.4.1　演变历史

河势调整具有时空特征,这个过程是自上而下逐步传递的过程,需几十年或甚至更长时间。利用更直观的技术手段,如卫星遥感图像,其包含丰富的河势平面形态历史数据,并结合统计方法,讨论长期控导条件下黄河下游河道弯曲演变过程。不仅满足河道整治和工程应用要求,也可加深对自然现象的认识和理解。甚至是复演河道形态演变过程,从空间尺度上合理地预测几年到十年内河道迁徙与摆动趋势。

为便于描述,把研究河段(花园口至夹河滩,以下简称花夹河段)分为两段,即上段和下段,分别是花园口至黑岗口河段、黑岗口至夹河滩河段。但鉴于 1984 年以前研究河段的无历史遥感图像,因此参考研究河段河势历史主流线进行讨论。1984 年以后,可以获取研究河段历史遥感图像,但质量较差,因此仅统计研究河段 1990 以来的卫星遥感图像。分别通过河势主流线、遥感图像讨论研究河段河道演变特征及调整趋势。

2.4.1.1　河势主流线历史演变

汛前或汛后黄河河道管理部门针对河势演变进行了观测并绘制河势演变图。根据历史资料,套绘研究河段历年主流线,分析河势演变特征。

从 20 世纪 50 年代主流线套绘图看(见图 2-15),因缺乏有效河道工程控制,河势散乱,变动幅度大,其主流摆动范围一般在 5～7km 之间,最大10km。由于主槽摆动,往往造成岸滩崩塌。

20 世纪 60—80 年代属于三门峡水库建成及运用期,水库的运用改变了水沙条件，继而影响游荡型河段演变规律。蓄水拦沙期，接近清水条件，导致下游河道冲刷下切，岸滩坍塌，河槽横向展宽。排沙期沙洲发育严重，河床抬升，河槽萎缩。从 20 世纪 60 年代主流线套绘图看（见图 2-16），主流平均摆动范围达 3km，摆动幅度仍较大。主流线弯曲程度明显增加，主流线长度增大，增幅约为 3％。

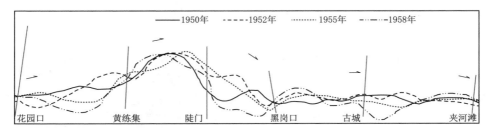

图 2-15　1950—1958 年花夹河段主流线演变

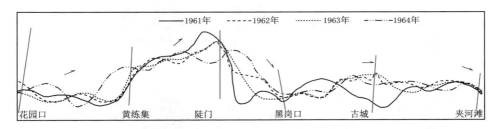

图 2-16　1961—1964 年花夹河段主流线演变

1970—1974 年，黄河下游进行了较大规模的河道整治工作。工程对河势起到一定约束作用，稳定了该段河势，有所规顺。但同时三门峡水库开始蓄清排浑运用，非汛期水库蓄水排沙，下泄清水，河道冲刷；汛期水库畅泄排沙，下泄浑水，河道淤积。继而导致此时段控导工程对河势约束效果有限，河势复杂多变，但较上述时期，游荡幅度明显改善，摆动范围小于 2km，见图 2-17。

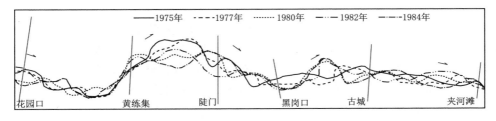

图 2-17　1975—1984 年花夹河段主流线演变

　　可以看出，与上述两时段相比，花园口下游主流南向迁移，摆动幅度明显减弱，基本小于1km。特别是黑岗口至夹河滩河段，流线更趋于弯曲。

　　因控导工程量级相对较少，远不能满足河势控导的要求。因此，在来水来沙急剧变化情况下，河势仍会发生较大调整，甚至摆动与河势变迁。20世纪80—90年代，黄河下游河道整治工程又陆续投入建设。同时期小浪底水库开工建设，人类活动对河势演变影响较大。

2.4.1.2　遥感图像演变

　　本节各图像来源于谷歌历史影像。所下载的瓦片质量较高（20级），其分辨率小于0.5m。获取时间均为历年9—11月，具体日期略有差异，均属于汛后河势，河势相对稳定。研究河段遭遇较厚云层被遮挡后历史影像质量较差，需对历年影像进行筛选。选择云量少、水面区域较为清晰的影像为讨论对象。通过大气校正、批量裁剪等预处理，最终得到1990—2016年间河流形态影像图。简述如下。

　　小浪底水库运用前（1990—1999年）的卫星遥感图像见图2-18。

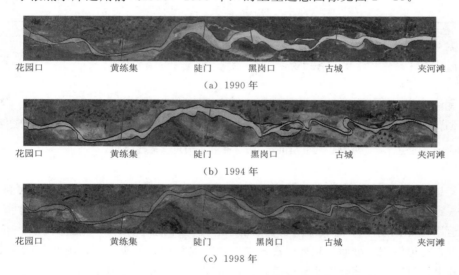

(a) 1990年

(b) 1994年

(c) 1998年

图2-18　1990—1999年花夹河段遥感图像

　　河势基本呈现散乱特征。20世纪90年代中期，黑岗口至夹河滩河段反复出现畸形河势，主流摆动频繁。河宽减小，河道形态逐渐弯曲。加之此时期河道整治工程布点并没有全部实施，已建工程不完善，河势游荡摆动幅度较大，游荡特性显著。90年代末期，受上游小浪底水库工程建设影响，人为活动改变了水沙条件，河槽逐渐萎缩。

　　从1990年和1994年河势特征看，整个河段的水面宽度明显减小，特别是靠近夹河滩河段，整个河势由 90 年代中期的游荡逐渐演变至弯曲型河道。

小浪底水库运用后（2000—2008 年）的卫星遥感图像见图 2-19。

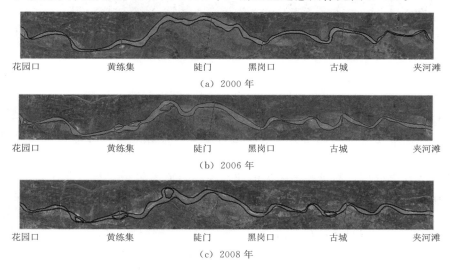

图 2-19   2000—2008 年花夹河段遥感图像

2000 年后，整个河道形态弯曲演变，洲滩发育明显。对比黑夹河段，在 2000 年基本呈现若干连续弯道，2008 年后，弯道的个数几乎增加了一倍。同时期，弯道半径减小，弯道内水沙运动规律必然发生相应的调整。最明显的特征就是，河段内洲滩发育，其数量显著增多。与 90 年代相比，平面形态弯曲特征显著。

小浪底水库运用后（2010—2016 年）的卫星遥感图像见图 2-20。从图中可看出，与上两个时期相比，整个下游河道游荡程度明显减弱，特别是中段和下段，河道平面形态更趋于弯曲，逐渐形成连续多弯形态，而且主流线曲率也发生了显著的变化，特别是黑夹河段，弯曲形态较接近设计弯曲形态。

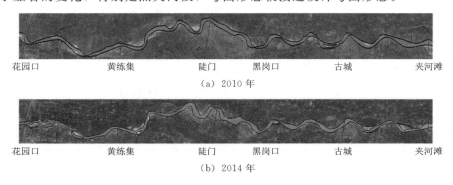

图 2-20（一）   2010—2016 年花夹河段遥感图像

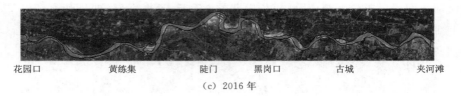

<table>
<tr><td>花园口</td><td>黄练集</td><td>陡门</td><td>黑岗口</td><td>古城</td><td>夹河滩</td></tr>
</table>

（c）2016 年

图 2-20（二）　2010—2016 年花夹河段遥感图像

2.4.1.3　河势的传递与阻隔

提取河道主流线，讨论研究河段河势演变与传递规律。已有的研究成果在讨论演变与传递规律，往往习惯把各演变时间节点的主流线叠加在一起讨论河势演变，这类分析仅能反映出主流的摆动情况，掩盖整个河势传递或阻隔特征。为克服这一缺点，本书提出新的河势套绘手段，具体做法是：在二维坐标平面内，设定比例尺，按时间序列顺序套绘，见图 2-21。其不仅能反映出主流摆动，也能直观地表现河势传递或阻隔特征。

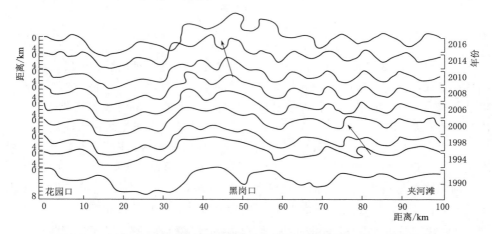

图 2-21　研究河段河势传递和阻隔特征

某一段河势持续向下游迁移，可理解为河势传递，反之理解为河势阻隔。受控导工程（节点）影响，其下游河段演变往往具有相对独立性或滞后性。1990—2000 年，河势向下游传递，仅在黑岗口至夹河滩河段出现阻隔现象（图 2-21 中 80km 箭头处）。2006—2014 年，黑岗口河段河势出现阻隔现象（图 2-21 中 50km 箭头处）。而上一时段河势阻隔处的河势得以改善，再次呈现向下游传递。总的看，受不同时段，受水沙、边界条件影响，研究河段河势上提下挫、传递和阻隔交替演变。

另外，以黑岗口为界，花园口至黑岗口河段弯曲程度明显弱于黑岗口至夹河滩河段，表明局部河段在水沙及河道边界条件影响下，平面形态发生了较大的改变。

2.4.2　畸形河势产生背景

2.4.2.1　畸形河势

据相关文献[98-100]，1803 年（即清朝嘉庆八年），地方志记录大宫控导（原封丘衡家楼）河势。"外滩宽五、六十丈至一百二十丈，内系积水深塘，塌滩甚疾，漫及堤根"；描述了当地出现横河并导致堤防决口情况。封丘县"大沙河"即是此次决口遗留的故道。

新中国成立后，特别是 20 世纪 70 年代，黄河下游河道进行了大规模河道整治。但受不利水沙条件影响，大宫与古城控导工程局部河段出现两个连续畸形弯，见图 2-22。

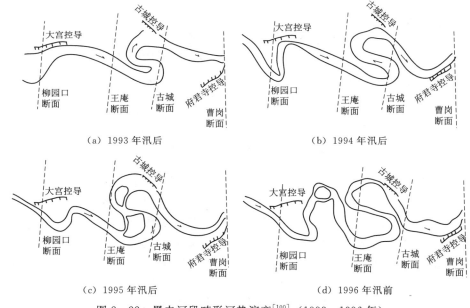

（a）1993 年汛后　　　　　　　　　（b）1994 年汛后

（c）1995 年汛后　　　　　　　　　（d）1996 年汛前

图 2-22　黑夹河段畸形河势演变[100]（1993—1996 年）

1993 年汛后，古城控导工程上游河势演变呈现 S 形畸弯，河势直指古城险工首坝，具有抄后路工程险情。经 1994 年汛期，此畸弯并没有显著改变，再次形成 S 形，并更靠近古城控导工程。至 1995 年汛后，畸弯发育加剧，甚至形成牛轭湖。至 1996 年汛前，演变为两个 S 形畸弯，在大宫控导工程与古城控导工程之间形成了大河三过古城断面的奇观。

　　2000 年以后，小浪底水库调水调沙运用，水沙搭配关系变化大，导致工程对水流控导效果各异。大水时主流趋直，工程靠流部位下挫，一些河段河势向有利方向发展；而水沙关系恶劣时，工程靠流部位上提，个别河段河势朝不利方向演变，甚至产生畸弯。安催花等[97] 等也详细描述此河段 2003—2006 年间河势演变情况，并统计了弯道形态参数特征，讨论畸弯产生与演变特征，见图 2-23。

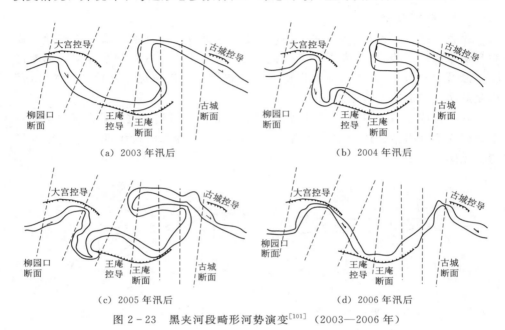

图 2-23　黑夹河段畸形河势演变[101]（2003—2006 年）

　　据相关文献记载[98,101]，2003 年汛后，研究河段河势首先在大宫控导工程迎流段脱流。受上游工程送流不足影响，一弯变，弯弯变，导致其在王庵控导工程处靠流不利，并在其处坐弯。水流与堤防以接近直角方式向古城控导上游演进，随着河湾发育逐渐朝向畸形河势演变，在王庵与古城控导工程间形成了一个反 S 形弯道，横河产生。威胁当地工程与堤防安全。2004 年，此畸弯进一步朝不利方向发育。虽主流与大宫控导工程走向基本一致，但其上游迎流段，下游送流段靠流仍不理想。在下游送流段做弯并再次以接近直角方式演进，导致下游王庵控导工程上首淘刷，危及工程安全。在王庵与古城控导工程之间，上一时期形成的畸湾其演变趋势更恶劣，渐发育为 Ω 形。2005 年汛后，此河段河势并未明显好转，整个研究河段形成了 3 个相连的形似 Ω 畸形弯道，以至于当地流向不仅有横向，也有倒流向。2006 年汛期，受裁弯取直影响，此河段流路较上一时期明显归顺。

　　胡一三[98] 指出，此河段流量的变幅是造成畸弯发育的根本原因。另外，当地的耐冲黏土层在畸形河湾的形成中起着重要作用。许炯心等[100] 认为在河床调整过程中，受到特殊边界条件限制，可能导致畸形河湾的产生。也有部分学者给出了相应的解决办法[53,55]，李勇等[102] 认为小浪底水库调蓄，小流量持续时间长，水流动能小，流路弯曲发展。而且仅依靠水库调节、依赖水动力作用治理畸形河势不现实；应强化挖河疏浚、河道整治工程有机结合，高效理顺畸形河湾，促进河势稳定。

2.4.2.2　产生背景分析

上述研究成果关注了畸形河湾及其形态参数的演变特征，指出影响因素如小水、低含沙等水动力条件、边界条件等。本节针对上述畸形河湾历年演变特征，结合演变时期水文及河道断面勘测资料，讨论其产生背景。研究河段畸弯产生前后当地河床纵比降见图 2-24。

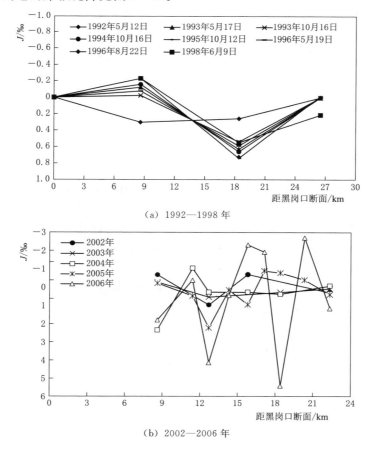

(a) 1992—1998 年

(b) 2002—2006 年

图 2-24　黑夹河段畸湾产生前后河床纵比降

可看出，1992 年汛前，在研究河段 9km 处，即柳园口断面位置（同时也是大宫控导工程进口断面）河床纵比降开始逐渐抬升，至 27km 处曹岗断面（古城控导工程出口），河床纵比降接近平床（$J=0$）。这是研究河段畸形河湾产生的一个重要诱因。1993—1996 年，整个畸湾发育期间，柳园口断面处河床出现倒比降 $J<0$。至 1998 年汛前，柳园口至曹岗断面恢复河床正比降，畸形河湾消失。可认为，若一定范围内河床纵比降 $J \leqslant 0$ 是畸形河湾产生的重要诱因。

为验证上述观点，再对比小浪底水库运用后，即 2002—2006 年此河段畸形河湾产生与发育期间研究河段河床纵比降变化特征。可看出，2002 年汛前，下游柳园口断面至古城断面（9～19km）连续多个断面范围内河床纵比降 $J \leqslant 0$。在 2004 年达到最严重情况，在 12～22km 范围内，各断面间的河床纵比降几乎一致。2005 年以后，平床略有调整，但局部河床倒比降，特别是工程上下游河床比降变幅加剧，2006 年以后河床纵比降进一步增大至 $-3‰$。

综上所述，畸形河势发育与当地局部河床纵比降密切相关，$J \leqslant 0$ 是诱发当地畸形河湾的产生和发育重要因素之一。同时也应注意到，控导工程对当地河床比降的影响极其突出，加剧当地河床变形。

2.5　设计与现状主流线对比评价量化方法

2.5.1　计算方法的提出

天然河流河道的弯曲并不规则，弯道半径判别具有一定主观性。黄河下游游荡段河道形态属于受控导工程约束的弯曲形态。目前对于工程控导弯道形态而言，不仅没有标准的弯道半径量化手段，也没有与设计治导线对比评价的量化参数。本书引入曲线曲率分布以量化主流线弯道半径，并与设计治导线相比，评价控导工程对研究河段整治与调控效应。

直角坐标系下，以研究河段主流线对象，提取历年主流线，设置坐标原点（研究河段起点），则主流线上任意三个点 (x_1,y_1)，(x_2,y_2)，(x_3,y_3) 的参数方程为

$$\begin{cases} x = a_1 + a_2 t + a_3 t^2 \\ y = b_1 + b_2 t + b_3 t^2 \end{cases} \tag{2.2}$$

解出式中 (a_1, a_2, a_3)，(b_1, b_2, b_3) 即可。式（2.2）改写矩阵为

$$\begin{pmatrix} x_1 \\ x_2 \\ x_3 \end{pmatrix} = \begin{pmatrix} 1 & t_a & t_a^2 \\ 1 & 0 & 0 \\ 1 & t_b & t_b^2 \end{pmatrix} \begin{pmatrix} a_1 \\ a_2 \\ a_3 \end{pmatrix} \tag{2.3}$$

$$\begin{pmatrix} y_1 \\ y_2 \\ y_3 \end{pmatrix} = \begin{pmatrix} 1 & t_a & t_a^2 \\ 1 & 0 & 0 \\ 1 & t_b & t_b^2 \end{pmatrix} \begin{pmatrix} b_1 \\ b_2 \\ b_3 \end{pmatrix} \tag{2.4}$$

其中：

$$\begin{cases} t_a = \sqrt{(x_2 - x_1)^2 + (y_2 - y_1)^2} \\ t_b = \sqrt{(x_3 - x_2)^2 + (y_3 - y_2)^2} \end{cases} \tag{2.5}$$

通过求导，则可以获得曲线的曲率，即

$$R_m = \frac{x''y' - x'y''}{(x'^2 + y'^2)^{3/2}} = \frac{2(a_3 b_2 - a_2 b_3)}{(a_2^2 + b_2^2)^{3/2}} \tag{2.6}$$

整个计算过程通过 Matlab 计算程序实现。对曲线曲率计算，并绘制曲率分布图。在平面直角坐标系，若沿曲线各点曲率相交于一点，则各点曲率交点距曲线的最大值认为是曲线半径，也即弯道半径。弯道半径与曲线曲率见图 2-25。

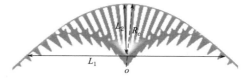

图 2-25　弯道半径与曲线曲率

讨论具体问题时，参照弯道曲率参数 R_c / B，即弯道曲率是强弯与弱弯的判别条件。本书认为受控导工程的约束，若各点曲率相交一点，则表明此河段主流线工程控导效果较好。按弯曲程度属于强弯范围，称为工程控导弯道。而无交点的属于弱弯，工程控导效果略弱，不作为重点讨论对象。

河流的平面形态常采用诸如曲线偏斜度、丰盈程度等参数来描述。根据图 2-25，首先曲线上各点均存在曲率半径，然后沿曲线走向依次连接同一曲率半径的起始点与终止点，令此线段的长度为 L_1。此线段中点至曲线的垂直距离为 L_2。若 L_2 / L_1 的比值接近零则曲线近似与直线重合；比值大于 1，曲线形状近似为 Ω 形。因此，比值近似反映了主流线的丰盈程度，以 J_{fd} 表示主流曲线的丰盈度系数。

采用同一判别标准，首先讨论设计治导线弯道半径以验证上述计算方法的普适性；而后针对研究河段历史主流线进行曲率分布、半径及丰盈度系数计算。通过分析弯道半径、丰盈度系数的统计特征，讨论弯道演变规律，评价工程对弯道的调控效应。

2.5.2　设计治导线验证

微弯整治为了适应水流习曲的基本特性，采用工程措施强化弯道凹岸边界，以约束主流摆动。以坝护湾，以弯导流，控导河势，注重运用河势演变规律是黄河下游河道整治原则及整治目标。治导线，即河道整治在设计流量下的平面轮廓线，是布置整治工程的重要依据，也是河道整治的核心问题。工程布置时，控导工程上段（迎流段）放大弯道半径，以适应不同来流变化，防止抄工程后路。控导工程中下段与治导线重合，保证有导流和送流至下个河湾的能力，被分别称之为导流段和送流段。控导工程整体呈现"上平下缓中间陡"的复合曲线形式[43]，见图 2-26。

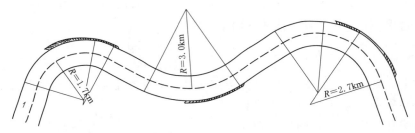

图 2-26　黄河下游河道治导线要素示意

图 2-26 中，描述微弯治理典型参数，如弯道半径 R_c、直河段长度 L、弯曲幅度 P、河湾跨度 T 以及整治河宽 B 等。为科学进行河道整治工程布局，结合弯道环流理论，参考行业规范，将环流强度衰减到 0.1% 作为判断上游弯道工程送流作用消失的标准，根据环流表面流速沿程衰减公式计算上下游相邻对应弯道工程之间的直河段长度。上下游相邻对应弯道工程之间的直河段长度直接影响河道整治工程布局及整治线的平面形态，甚至关系到河道整治的成败。过短则弯道增多，且在过渡段的部分横断面上产生反向环流，交错浅滩；过长则可能加重过渡段的淤积，并导致上游工程的送流不能到达下游控导工程，直接弱化上下游工程之间的呼应关系。以黄河下游河段为经验，理论上控制弯道半径 R_c 为河宽的 2~5 倍，图 2-26 中三个弯道的弯道半径介于 1.7~3.0km。工程之间距离取整治河宽的 4~6 倍。这里需要特别指出的是，治导线设计之初并没有考虑工程自身对水流能量分布的影响。

根据上述主流线曲率计算方法，经计算得到设计主流线曲率分布特征，见图 2-27。

从设计主流线曲率分布特征可看出，弯道半径介于 1.6~3.2km，弯道半径与治导线要素设计值基本一致。控导工程上部（迎流段）各点曲率均指向一点，而下部（送流段）弯曲程度稍缓。弯道曲率分布无疑精确的描述了主流线弯曲特征。弯曲系数为 1.3，并参照其他河段治导线，得到设计治导线弯曲系数 $\xi \leqslant$ 1.3；表明设计治导线或主流线的弯曲程度较缓。

经上述讨论，认为主流线曲率分布计算方法适用于河道主流线弯曲程度量化与评价。

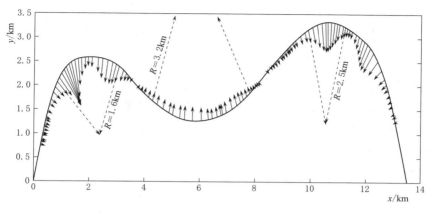

图 2 - 27　黄河下游河道治导线曲率分布图

2.6　黑岗口至夹河滩段河型转化分析

吴保生等[103] 指出水库的运用会促使下游河道游荡程度减轻，并逐渐向单一的弯曲方向发展，河势趋于稳定。黑夹河段经过数次控导工程建设，加之小浪底水库投入运用，受有利水沙条件及控导工程影响，部分河段明显具有弱游荡型特征，甚至具有游荡向弯曲演变的过渡河型属性。综合上述讨论成果，分别从以下几方面进行论证。

2.6.1　河相关系系数

若将黄河下游的游荡型转化为限制弯曲河型，两岸有效的控导工程总长度至少应占河道长度约 90%。有前述可知（2.1 节），花黑河段工程长度占河道总长度的 70%。黑夹河段工程长度占河道总长度的 75%。从工程长度看，黑夹河段游荡型特征明显弱化，存在河型转化趋势。

《泥沙手册》[104] 推荐黄河下游高村以上为游荡型河段，高村以下为过渡性河段。河相关系系数分别为 19～32，8.6～12.4。陈建国[90] 指出黄河下游高村以上游荡型河段宽深比系数，即断面河相关系系数为 19～23。费祥俊[92] 给出了判别黄河下游河型判别标准，指出游荡型河段河相关系系数大于 15；过渡段介于 10～15；弯曲河段小于 10。虽判别标准略有差异，综合各家研究成果看，黄河下游各河段河相关系系数大于 20 属于游荡河型，小于 12 属于过渡河型，小于 10 则属于弯曲河型。

由上节讨论可知，小浪底水库运用前，花黑、黑夹河段河相关系系数均大于 20，属于游荡河型，河道断面具有宽浅特征。小浪底水库运用后，花黑河段河相关系数降至 15 左右，而黑夹河段明显降至 10 左右。按上述判别标准，花黑河段仍具有弱游荡型特征，但黑夹河段明显具有过渡河型特征。

2.6.2 主流摆幅与弯曲系数

河道平面形态的量化包括弯曲系数、弯道半径、弯距、摆幅等。相关文献基于卫星遥感图像讨论了主流摆动计算方法及弯曲程度计算方法[105-106]。采用相同手段，对上述研究河段内河道平面形态参数进行统计，如主流摆动幅度及弯曲系数等，讨论小浪底水库运用前后主流摆动幅度和演变特征，见图 2-28。弯曲系数以 ξ 表示。

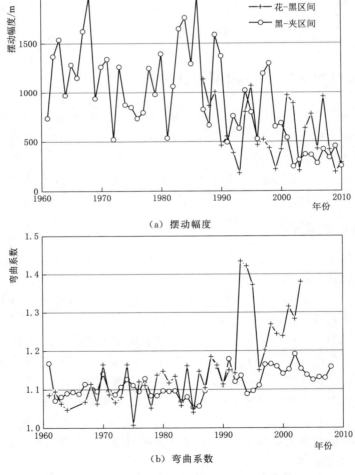

（a）摆动幅度

（b）弯曲系数

图 2-28 黄河下游花夹河段平面形态参数

可以看出，黑岗口至夹河滩河段在 20 世纪 70—90 年代主流摆动幅度最大，达到 2km 左右，属于典型的游荡型。小浪底水库运用后，花黑河段主流摆动幅度约 1km，黑夹河段摆动幅度明显小于 500m。上述讨论验证了黄河下游花黑河段游荡型减弱的特征。

陈绪坚等[107] 指出，小浪底水库运用后，黄河下游游荡型河段弯曲系数由 1.12 增大到 1.29；过渡性河段弯曲系数由 1.23 增大到 1.35；弯曲型河段由 1.35 增大到 1.5。从弯曲系数演变趋势看，呈现游荡向过渡河型转化、过渡向弯曲河型转化趋势。

小浪底水库运用后，花黑河段主流弯曲系数基本介于 1.1～1.2，与黄河游荡型河道弯曲系数 1.0～1.26 极其接近。黑夹河段河道弯曲系数为 1.2～1.5。此河段比花黑河段更弯曲，基本属于过渡河型。

2.6.3　工程控导效果评价

选取研究河段 2013 年比例尺为 1:5000 的河势图，分别按花园口至黑岗口、黑岗口至夹河滩河段获取主流线，计算主流线曲率。其中黑岗口至夹河滩河段控导工程配套相对完善，对水流控导效果相对较好。

根据主流线采用上述计算手段，计算得到 2013 年两河段主流曲率分布特征，讨论弯道半径及平面形态弯曲程度，见图 2-29 及图 2-30。

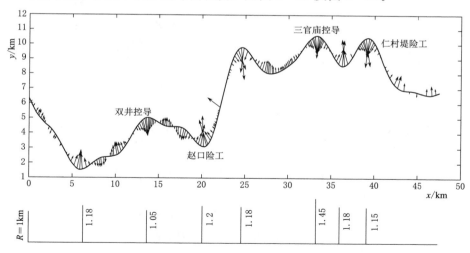

图 2-29　花黑河段主流线曲率分布及弯道半径

可以看出，研究时段内黑岗口至夹河滩河段主流线明显受控导工程影响，更接近人为设计主流线。假定控导工程处主流线曲率存在交点，认为其受控导工程有效约束。经统计，花黑河段共存在弯道 14 处，已控导弯道 7 处，占 50%；黑夹河段共存在弯道 11 处，已控导弯道 7 处，占 60%。对比弯道半径花黑、黑夹河段弯道半径最大值约 1.5km；相较而言，花黑河段已控导弯道半径均值约 1.2km；黑夹河段弯道半径略大，约 1.3km。考虑图幅变形及计算误差，认为两个河段工程控导弯道其半径均值约 1.5km。

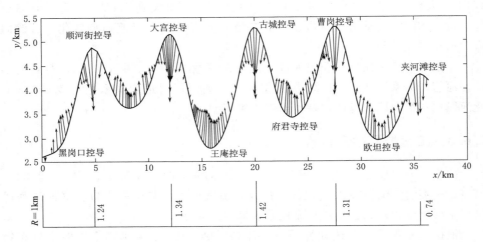

图 2-30 黑夹河段主流线曲率分布及弯道半径

综上所述，黄河下游河道来水来沙和边界条件均发生较大改变。经长期演变，花园口至黑岗口河段仍属于游荡型河道，但游荡程度减弱。河相关系系数、弯曲形态参数以及弯道半径等均表明黑岗口至夹河滩河段属于由游荡向弯曲转化过渡河型。

2.7 本章小结

基于黄河下游水文及河道地形勘测资料，详细讨论了水沙特性、河道冲淤变形及河势演变特征。

（1）自然条件下，研究河段来水量及沙量年际间变化大。小浪底水库运用后，下游河道将长期保持中小水，低含沙量典型特征。未来一段时间内，来水量接近 20 世纪 90 年代水平。主槽以冲刷下切为主。

（2）小浪底水库运用后，研究河段河宽减小，水深增大。断面河相关系数减小到 15～10。

（3）花黑河段工程控导效果略弱于黑夹河段。主流线曲率分布计算方法适用于河道主流线弯曲程度和量化评价，具有普适性。

（4）河相关系系数、弯曲形态参数以及河势主流线演变特征均表明黑夹河段初步具备由游荡向弯曲转化过渡河型，表明控导工程起到了预期作用。

（5）连续河段内河床纵比降 $J \leqslant 0$ 是畸形河湾发育的重要判别指标之一。

第3章　控导工程影响河道主槽及平面形态演变特征

3.1　控导工程建设概况及研究时段划分

3.1.1　河道及工程概况

3.1.1.1　河道概况

第2章讨论表明，黑岗口至夹河滩河段（简称黑夹河段）属于由游荡向弯曲转化的过渡河型。属临界状态具有不稳定特征，受水沙与边界条件变化影响，不利条件下甚至会恢复至游荡特征。而有利水沙条件下，则可演变至相对稳定弯曲河型。基于此，本节以黑岗口至夹河滩河段为研究对象。从平面形态看，此河段河势整体上受工程控导，主流线弯曲程度接近人为设计主流线，其具有典型的代表性。针对黑夹河段，重点讨论控导工程对其主槽形态以及弯道形态演变的影响。

黑夹河段以黑岗口断面为起点，夹河滩断面为终点，河道全长约39.7km。河段内共布置23个河道大断面（横断面），12座控导工程。黑夹河段遥感图像及各断面累计距离分别见图3-1及图3-2，其中各断面平面位置信息见图2-1。

图3-1　黑夹河段遥感图像

3.1.1.2　控导工程形式与布置方式

目前黄河下游河道整治工程是不同时期所修建。整治工程的类型主要包括丁坝、垛、护岸等多种型式。其中，丁坝坝身较长，挑流能力强，保护岸线长。但产生的回流强，坝前河床冲刷剧烈，适用于来流方向与丁坝迎水面夹角较小的情况。其次，垛及短丁坝，由于长度短，间距小，单垛挑流能力弱，产生的回流小；垛前冲刷坑较浅，一般与顺流情况下丁坝相当。因此对来流的方向适宜性强，适用于来流方向与迎水面夹角大或者来流方向变化大的工程段。另外，护岸平面多为直线形，顺堤线或河岸而修建，对河床边界条件和水流流态影响较小[108]。

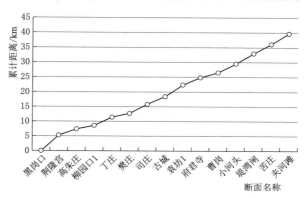

图 3-2　各断面累计距离

丁坝可分为下挑式、正（直）挑式和上挑式三类。由于下挑式丁坝前水流较为平顺，冲刷坑狭长而相对较浅，常被工程所采用。丁坝的坝头主要形式为圆头形或流线形，因后者上跨角为平缓的曲线，能较好适应上游来流方向的变化，但是施工放样比较复杂，抢险后局部坝段易变形，难于保持原状。实际工程应用中往往采用圆头形坝头[109]。

布设控导工程时，往往采用群体布置方式。丁坝的间距和坝长有很大关系，合理而又经济的丁坝间距，应达到既充分发挥每个丁坝的作用，又能保证两坝档间不发生冲刷。为此，应使下一个丁坝的壅水刚好达到上一个丁坝的坝头，避免在上一个丁坝的下游发生水面跌落现象；同时应使绕过上一丁坝扩散水流边界线大致达到下一丁坝，避免主流脱流。适宜的坝间距不仅可以合理地分担水势，保证坝体安全，同时能保证坝档间较好的淤积。黄河下游工程布置时，丁坝迎流角 θ 多采用 $30°\sim45°$，以 $30°$ 居多。单个丁坝长度 L 一般为 $100m$ 左右，间距一般均采用 $100m$，即坝垛间距 S_d 与坝长按 $1:1\sim1:2$ 比例布置。根据工程经验，总结为"短坝头、小档距，以坝护湾，以弯导流"。

丁坝坝体稳定边坡为 $1:1.3\sim1:1.5$。坝岸根石多数为土石坝结构，通常采用土坝体外围裹护防冲材料的型式。一般分为坝体、护坡和护根三部分。土坝体一般用壤土或砾石土填筑；护坡用块石或铅丝石笼抛筑；基础护根用块石、铅丝笼、木架四面体、混凝土四脚体抛筑，经自然沉降及多次抢险加固后逐步达到稳定。一般会有一定埋深，往往还具有一定宽度的根石台[109]。丁坝各参数见图 3-3。

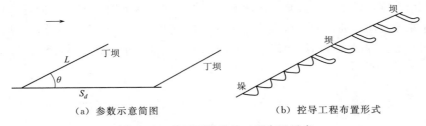

（a）参数示意简图 （b）控导工程布置形式

图 3-3 黄河下游控导工程布置示意

3.1.1.3 控导工程概况

黑夹河段河道左岸共分布约 6 座控导工程，依次分别为顺河街控导、大宫控导、古城控导、曹岗控导、贯台控导及常堤控导。右岸分布约 6 座控导工程，依次为黑岗口及下延险工、高朱庄控导、柳园口控导、王庵控导、府君寺控导及欧坦控导。其中顺河街控导工程始建于 1998 年，共布设坝垛数 32 道，工程总长度约 3.4km。古城控导工程始建于 1930 年，布设坝垛数 26 道，工程总长度约 3.8km。曹岗控导工程始建于 2007 年，修建坝垛数 23 道，工程总长度约 2.3km。查阅相关文献[87]，统计各控导工程建设背景，布设坝垛数及工程总长度等参数，统计见表 3.1。

表 3.1 黑夹河段已建控导工程参数明细表

岸　别	工程名称	始建年份	工程长度/m	坝垛数/座	对应河道大断面
右岸	黑岗口险工	1737	5695	85	黑岗口、聂庄
	黑岗口下延险工	1998	900	9	
	高朱庄控导	1952	2390	31	荆隆宫
	柳园口控导	1842	4287	47	柳园口
	王庵控导	1994	4780	28	裴庄、王庵、司庄、斐楼
	府君寺控导	1956	3218	49	府君寺
	欧坦控导	1978	4644	50	堤湾闸（常堤）
左岸	顺河街控导	1993	3430	33	聂庄
	大宫控导	1985	4815	52	柳园口、丁庄
	古城控导	1930	3863	54	古城、陈桥
	曹岗控导	2007	3118	28	小河头
	常堤控导	1972	4575	39	堤湾闸（常堤）
左岸	贯台控导	1949	3869	54	贯台、夹河滩
	曹岗控导	1753	5260	105	曹岗

黄河下游小浪底水库运用后，水沙条件发生较大改变。目前的工程参数体系与水沙条件出现不一致情况，常常导致部分控导工程主流上提下挫，甚至产生脱流情况，引起中常洪水发生险情频率增大。为避免险情发生往往会追加新的坝垛，由此造成黄河下游工程数量呈现逐年递增趋势。基本上陷入"工程脱流—工程上（下）延"，反复追加控导工程的被动局面。刘燕等[3]利用河工物理模型试验，对黄河下游河道拟建工程进行了验证与预测。根据其整理的拟建工程量，可看出黑夹河段后续拟建工程量依然巨大。因此，控导工程对于河道演变的影响更不容忽略，有必要深入讨论。黑夹河段拟建工程量见表3.2。

表 3.2   黑夹河段拟建控导工程统计表

工 程 名 称	扩建方式	拟建工程数量/座	拟建总长度/m
大宫控导	下延	5	500
王庵控导	上延	17	1200
古城控导	上延	12	1200

3.1.2 研究时段划分

根据第2章研究河段来水来沙特征，讨论控导工程建设历程与来水来沙的遭遇特征，以了解工程建设背景。为便于说明控导工程建设与当年水沙遭遇情况，选取工程建设时段流量均值与工程建设量进行套绘（见图3-4），以划分研究时段，着重讨论控导工程的影响。

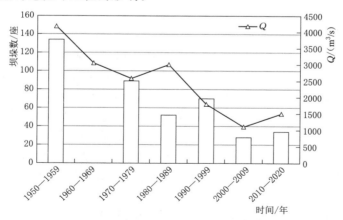

图 3-4 黑夹河段工程建设量与年均流量套绘

可以看出，20世纪50年代来流流量较大，此时段工程建设规模也相对较大。20世纪70—80年代，流量略减。相应的，工程建设规模与上一时段相比也略有减小。90年代为小浪底水库建设期，流量较小，但研究河段又再次进行了较大规模的控导工程建设。其与 1998 年发生流域性大洪水后国家加大河道治理背景相关。2000 年以后，控导工程建设规模明显减弱。另外，2010—2020 年控导工程量为拟规划建设量不做具体讨论。总体看，以 1950 年为起始年至 2014 年，黑夹河段整治控导工程坝垛数修建历程可分为四个阶段：50—60 年代，修建坝垛数量约占坝垛总量的 35％；70—80 年代占比约 37％；90 年代占比约 18％；其他时段占比 10％左右。

　　黄河下游来沙系数反映了河道冲淤演变特征。统计黑夹河段来沙系数与此河段控导工程总量进行套绘（见图 3-5），讨论控导工程量与各时段来沙系数遭遇情况，并划分研究时段。

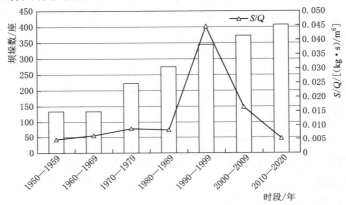

图 3-5　研究河段工程建设量与来沙系数套绘

　　可以看出，1950—2000 年，来沙系数逐渐增大。此时段，控导工程建设量已完成工程总量 80％。2000 年以后至今，来沙系数逐渐减小。此时段工程建设基本完成。另据统计，截至目前工程总长度已占河道总长度 75％，基本形成了完整的工程控导体系。因此，基于来水来沙过程与控导工程建设历程大致分为两个研究时段，分别为：2000 年以前，称为控导工程建设期，此时段来沙系数递增；2000 年以后，称为控导工程建成期，此时段来沙系数递减。

　　以下文中均以控导工程建设期、建成期进行划分并讨论对河道演变的影响。

3.2　黑夹河段弯道平面形态参数演变特征

3.2.1　主流线历史演变分析

　　根据黑夹河段历史河势资料，提取主流线，分别讨论各时段河势变化、主流线及平面形态弯曲演变过程，见图 3-6。

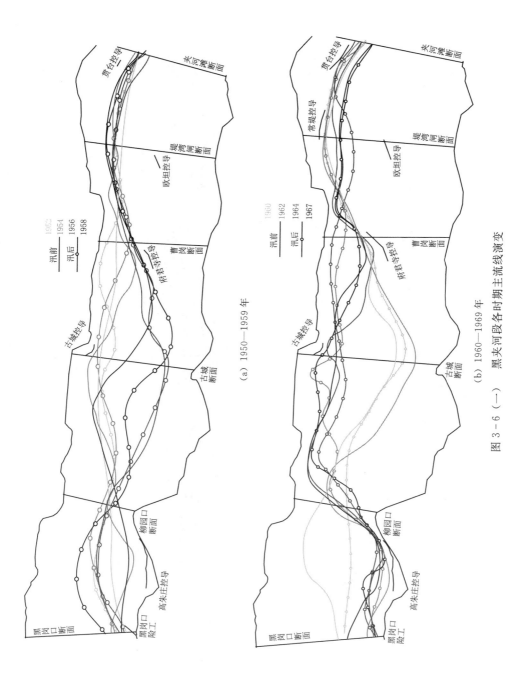

（a）1950—1959 年

（b）1960—1969 年

图 3-6 （一）　黑夹河段各时期主流线演变

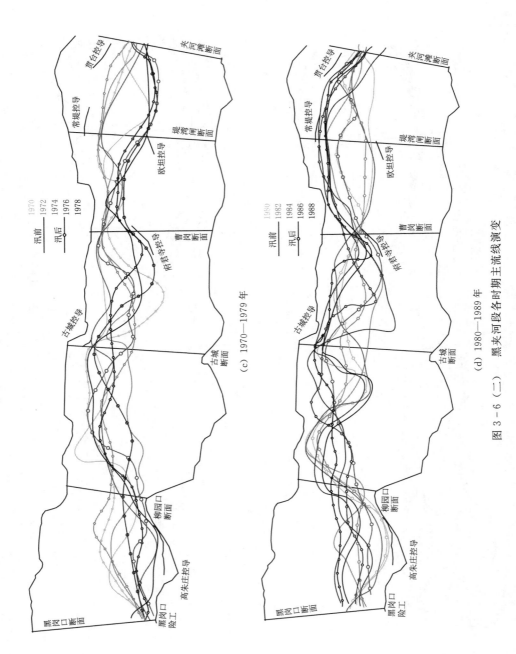

(c) 1970—1979 年

(d) 1980—1989 年

图 3-6（二）　黑夹河段各时期主流线演变

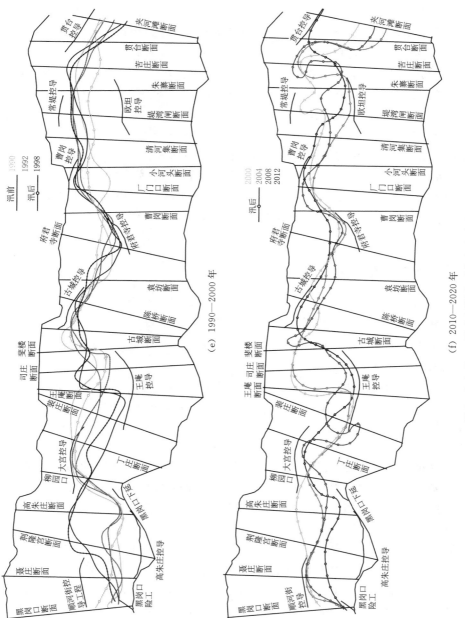

(e) 1990—2000 年

(f) 2010—2020 年

图 3 - 6 （三）　黑夹河段各时期主流线演变

20 世纪 50—60 年代，典型的特征是黑夹河段控导工程较少，主流线摆动幅度大。如 1952 年古城断面主流线靠近古城断面左岸，而 1958 年主流线摆动至此断面右岸。另外一个典型特征主流线较顺直。60—70 年代，黑夹河段控导工程数量略有增加，如 1956 年增设了府君寺控导工程。但整个河势摆动范围与上一时代相比并没有明显减弱，甚至是增大的，如柳园口断面与古城断面，不再一一描述。60 年代后期，主流线弯曲程度明显增大。70—90 年代，同上两个时期相比，主流线的弯曲程度进一步增加。而且出现了"横河"等明显的畸形河势，河势整体较上述各时期散乱。

90 年代，黄河下游建设了小浪底水库。同时期，1998 年建设了如顺河街、毛庵等控导工程。受水库与工程影响，河势整体受到控制，主流线摆动范围显著减弱。受水库初期运用方式影响，导致古城河段附近畸形河势发育（见 2.4.2 节）。

受水库调蓄，低含沙水流成为常态，由此导致下游河道普遍冲刷下切，加之配套控导工程逐步完善，河势受约束，黑夹河段河道弯曲形态逐渐接近设计弯曲形态。

3.2.2　平面形态参数统计

根据 2.5 节主流线曲率计算方法，逐个计算图 3-6 中各时段汛前、汛后主流线曲率，并绘制曲率分布图。根据弯道半径判别准则，计算弯道半径。根据弯道半径调整特征，并与设计主流线半径对比，继而评价工程控导效果。各时段主流线曲率分布见图 3-7。

从图 3-7 中可看出，小浪底水库运用前期，因控导工程数量有限，工程对主流约束效果有限，河势整体呈现摆动的特征。如黑岗口至下游 15km 范围内主流线反复摆动，20 世纪 50—60 年代，摆动幅度最大；至 70 年代后期摆动幅度有所减弱。

随着小浪底水库投入运用，研究河段的水沙与边界条件均发生了较大改变。受水沙条件影响，加之控导工程的约束，研究河段主流摆动范围减小，主流线弯曲程度增大。选取部分年份的主流线进行展示（见图 3-7）。其中 2013 年主流线曲率分布见第 2 章，不再重复统计。

根据图 3-7，首先统计黑夹河段弯道个数（主流线曲率有交点的弯道个数，见 2.5 节）。20 世纪 50 年代，弯道个数平均为 5 个；60 年代，弯道个数平均为 6 个；70 年代平均为 8 个，进入 80 年代略减少与 60 年代持平。90 年代和小浪底水库运用后期，弯道个数基本维持 8～12 个弯道。与 50—60 年代相比，增加了一倍。表明黑夹河段主流线更弯曲，也反映出黑夹河段平面形态更弯曲。对比汛前与汛后，汛后弯道个数略有增多。

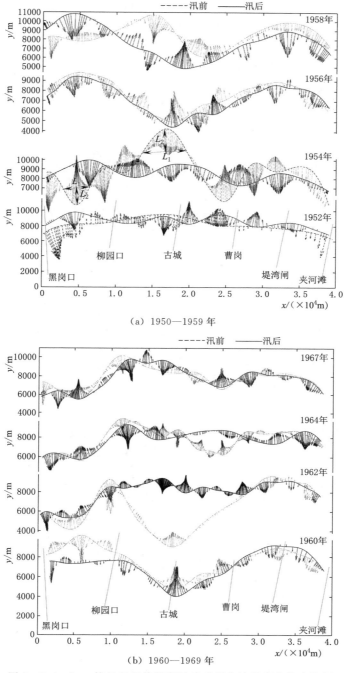

（a）1950—1959 年

（b）1960—1969 年

图 3-7（一）　控导工程建设期及建成期主流线弯曲演变特征

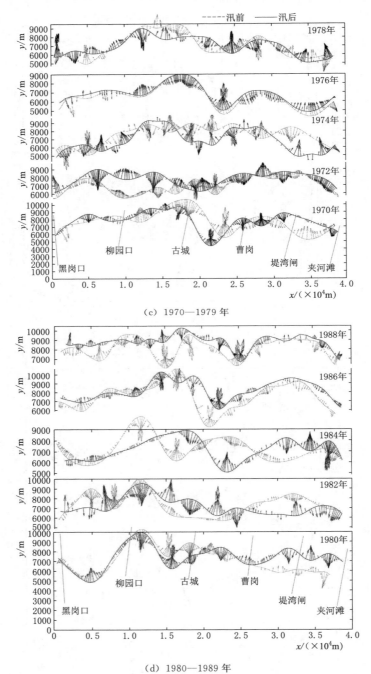

（c）1970—1979 年

（d）1980—1989 年

图 3-7（二）　控导工程建设期及建成期主流线弯曲演变特征

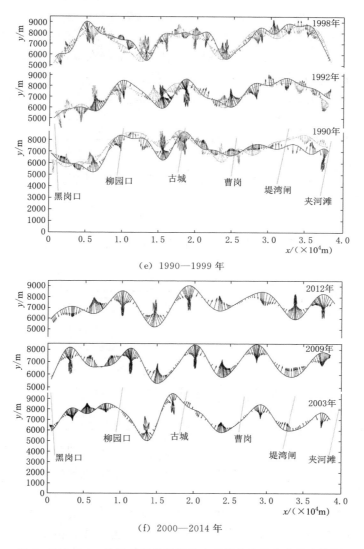

（e）1990—1999 年

（f）2000—2014 年

图 3-7（三）　控导工程建设期及建成期主流线弯曲演变特征

　　统计弯道半径，见图 3-8，从图中可看出整体呈现递减并逐渐保持相对恒定特征。20 世纪 50 年代，弯道半径均值 3.0km；60—80 年代，弯道个数增多，弯道半径较上一时期略有减少，约 1.7km；90 年代，弯道半径进一步减小，约 1.6km。受小浪底水库及控导工程共同影响，控导工程建成期，黑夹河段弯道半径接近定值约 1.5km。对比汛前与汛后，汛后弯道半径略有增大。

　　统计研究河段历年主流线丰盈度系数，见图 3-8。其中丰盈度系数计算参考图 3-7（a）中示例。可看出，与弯道半径趋势相反，呈现缓慢递增的趋势。对比两个研究时段，控导工程建设期丰盈度系数均值约 0.25；而控导工程建成期，主流线丰盈程度逐渐增大；目前其均值基本维持在 0.4 左右。表明研究河段主流线丰盈程度逐渐增大，且受到控导工程影响。

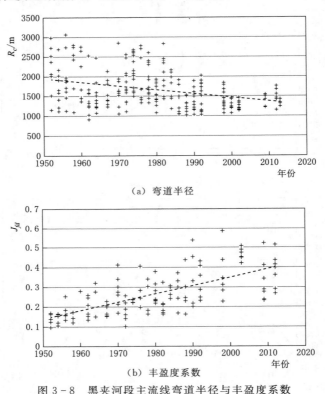

（a）弯道半径

（b）丰盈度系数

图 3-8　黑夹河段主流线弯道半径与丰盈度系数

另外，黄河下游河道习惯采用弯曲系数描述弯曲程度，即主流线两个端点直线距离与曲线长度的比值；数值越大，其形态越弯曲。由 2.5 节可知，设计主流线弯曲系数 $\xi \leqslant 1.3$。统计图 3-7 各时期弯曲系数，20 世纪 50—60 年代，弯曲系数介于 $1.05 \sim 1.25$。70—80 年代，弯曲系数进一步增大，介于 $1.25 \sim 1.35$ 间。90 年代的弯曲系数明显增大，加之同时期畸形河湾发育（见 2.4.2 节），弯曲系数介于 $1.4 \sim 2.0$。小浪底水库运用后，弯曲系数逐渐保持相对稳定。弯曲形态特征与设计主流线弯曲形态较接近。

随着水沙关系的相对稳定，控导工程逐步完善，此河段渐形成了微弯整治目标，形成了较为典型的过渡河型，也验证了第 2 章节河型转化的讨论。河道平面形态更趋于弯曲、平面形态特征参数如丰盈程度也明显增大，这一改变与水沙条件及控导工程密切相关。鉴于问题的复杂性，将在下述章节里详细讨论。

综上所述，对比两个时段，黑夹河段弯道个数增多1倍。弯道半径减小并趋于定值约1.5km。弯曲系数均值增大至约1.5，丰盈程度系数均值约增加至0.4。从平面形态看，弯曲形态较接近设计控导弯曲形态，认为控导工程对黑夹河段河道演变调控效应显著。

3.3 黑夹河段主槽形态参数演变特征

黄河下游河道经过长期整治，边界条件发生了较大改变，河槽形态特征也发生相应的变化。目前，控导工程作用下的河道主槽及平面形态与控导工程间定量关系仍不甚明确。本节首先对黑夹河段主槽、平面形态参数进行统计分析，以进行后续的讨论。

3.3.1 横断面形态

以黑夹河段古城控导工程为例，因古城断面跨越此工程，其断面形态反映了控导工程修建前后附近河床变形情况。选取部分年份套绘进行讨论，见图3-9。

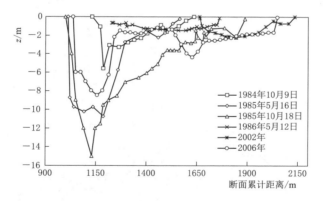

图3-9 古城断面套绘

图3-9中，z为河床高程。可看出，1984年汛后此断面最大冲深约5.7m。1985年汛前，其最大冲深已近11m；1985年汛后，最大冲深接近15m。至1986年汛前，最大冲深已萎缩至不足2m。1984—1986年，三年间此断面最大冲深变幅达7倍之多。与1985年当地增设控导工程，导致主流在工程处产生局部冲刷相关。

小浪底水库运用后，受水库调水调沙影响，2002 年河道主槽发生偏移并远离控导工程，且淤积抬升。2006 年，在低含沙水流作用下，主槽逐渐归顺，工程控导效果显现。受工程约束，工程处河床局部冲刷达 8m。

3.3.2　纵剖面形态

河床深泓线套绘见图 3-10。统计各断面深泓点高程，对比看，两个时段的河床深泓波动幅度明显增加。控导工程建设期，黑夹河段深泓高程介于 74.0～80.0。其中在 1985 年，深泓点出现最值（高程为 63.5），最大冲深达 14m（19.7km 处）。最值的出现与同时期控导工程建设密切相关。控导工程建成期，同一断面深泓高程介于 76.0～72.0，表明低含沙水流条件下，河床普遍冲刷下切。其中在 2014 年，同一位置最大冲深接近 11m（19.7km 处）。虽较上一时段略有减小，但超过 10m 以上冲深出现的频率显著增大。这一特征无疑表明了控导工程对局部河床变形的影响，导致工程附近河段主槽形态趋于窄深。

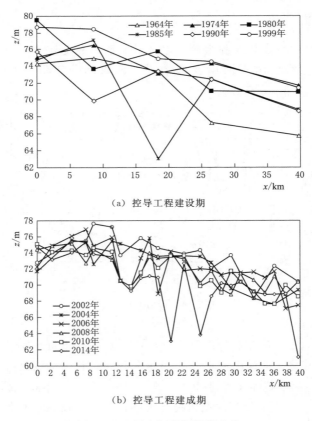

（a）控导工程建设期

（b）控导工程建成期

图 3-10　黑夹河段深泓线套绘

上述讨论表明，两个时期纵剖面形态存在差异。建成期纵剖面深泓波动幅度更大，与控导工程引起的局部冲刷有关，导致工程附近河段主槽形态趋于窄深。

3.3.3　统计特征

统计黑夹河段主槽形态参数，如断面河宽、平均水深、断面最大水深及河床纵比降等参数。其中部分断面的最大水深与弯道凹岸控导工程处局部冲刷有关，最大水深以 H_{max} 表示，见图 3-11。

对比河宽变化，变幅较大。控导工程建设期，20 世纪 50—70 年代河宽略呈增大趋势，最大约 2500m。而 80—90 年代，河宽急速减小；至小浪底水库运用前达到最小值，约 500m。最大与最小值相差 5 倍。控导工程建成期，受控导工程对主流的约束，河宽基本维持在 1000m。

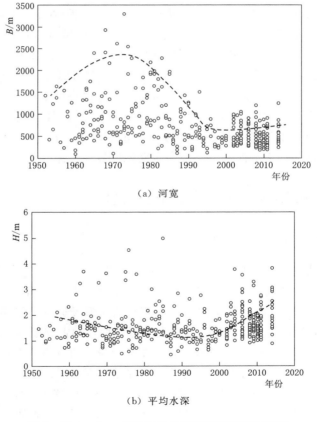

（a）河宽

（b）平均水深

图 3-11（一）　黑夹河段主槽形态参数演变特征

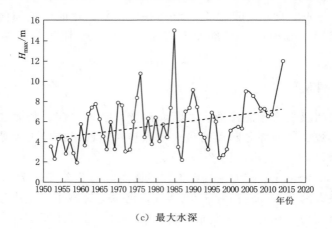

（c）最大水深

图 3-11（二） 黑夹河段主槽形态参数演变特征

对比平均水深，控导工程建设期递减，但控导工程建成期却又呈递增趋势。值得注意的是，水深调整较河宽调整明显具有滞后性特征。如河宽最大值出现在 1973—1974 年，而平均水深的最大值则出现在 1975—1978 年。

再对比黑夹河段历年最大水深。可看出，最大水深整体呈现增大的趋势。但控导工程建设期的部分断面最大水深与当时的工程建设密切相关，如图 3-11 中所示，1974 年、1985 年最大水深均大于 10m。控导工程建成期，在小水低含沙条件下，河床冲刷下切，进一步导致最大水深增大。这一水沙条件也会增大控导工程附近局部冲刷水深，引起整个研究河段最大水深的增加。

3.4 控导工程影响主槽及弯道形态特征

3.4.1 控导工程影响主槽形态

根据上述所统计各时期工控导工程建设量级、主槽及平面形态参数，分别讨论控导工程对主槽与平面形态的影响及分析影响程度，见图 3-12。

可以看出，因 20 世纪 70 年代（1974 年）黑夹河段进行了控导工程建设，此时段内黑夹河段河宽锐减，部分断面最大水深突增，如古城断面。90 年代（1998 年），黑夹河段再一次进行了大规模的控导工程建设，河宽再一次锐减；部分断面最大水深急增。控导工程建成期，受水库与控导工程共同影响，主槽下切，最大水深持续增大。2010 年以后，河宽与最大水深保持相对稳定区间，变幅减小。

分别以此河段大宫、古城控导工程为例，讨论控导工程附近局部河段河床纵比降调整情况。其中，两个控导工程的首尾分别距黑岗口断面 7.4～11.4km、

18.4～22.4km；各控导工程所跨越的河道大断面见图2－1（b）及表3.1。根据河道断面间距及断面深泓差值可计算得到控导工程附近局部河床纵比降，见图3－13。

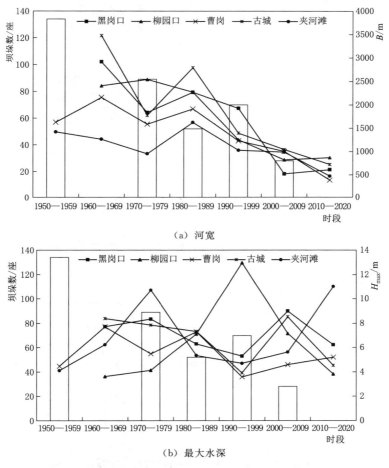

（a）河宽

（b）最大水深

图3－12　控导工程建设量级影响主槽形态特征

可以看出，低含沙条件下，控导工程附近的局部河床纵比降变幅较大。如大宫控导工程在2002年、2006年、2008年河床局部呈现倒比降；2004年、2006年、2014年河床正比降；河床纵比降范围为－2‰～2.5‰。再如古城控导工程在2006年、2014年河床纵比降出现较大的变幅，变幅达－5‰～5‰。除此之外，按同样的方法统计了此河段其他工程附近河床纵比降，不再一一赘述。统计发现，此河段河床纵比降最大、最小值分别为$J=5.41‰$（2006年）、$J=-4.76‰$（2014年），变幅略大。

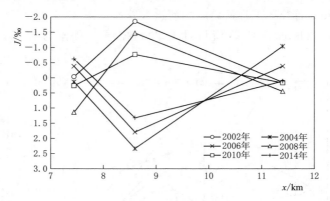

（a）大宫控导工程局部河床纵比降

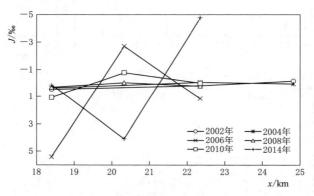

（b）古城控导工程局部河床纵比降

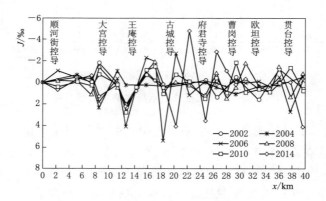

（c）研究河段各控导工程附近河床纵比降

图 3-13 控导工程局部河床纵比降特征

综上所述，此河段 2010 年后河床纵比降变幅明显具有增大的趋势。认为控导工程加剧局部河段河床纵比降变幅。受水沙条件及控导工程影响，研究河段河床纵比降趋陡。

3.4.2 控导工程影响弯道形态

按不同时段，对比控导工程建设情况影响弯道半径以及弯道曲率系数调整特征，见图 3-14。

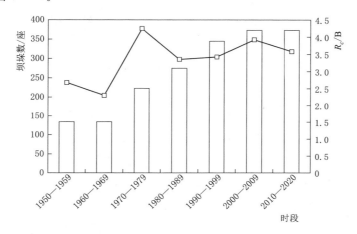

图 3-14 控导工程累计量与弯道半径相关性

从图 3-14 中可看出，20 世纪 90 年代以前，因黑夹河段控导工程量级较少，弯道曲率的数值波动略大。控导工程建成期，随着控导工程量级的进一步增多，低含沙水流条件下，河势被控导，主流被约束，弯道半径及弯道曲率保持相对稳定，弯道曲率介于 3.5～4.0。

上述讨论虽明确了不同研究时段控导工程对河道主槽形态以及弯道曲率影响，但对于控导工程建成期，同时期小浪底水库建成，水沙条件与边界条件在同一时期内均发生了较大变化，较难以区分两者对上述参数的影响权重，需进一步对比讨论水沙条件对河道主槽形态及弯道曲率的影响。

3.5 水沙条件影响主槽及弯道形态特征

3.5.1 水沙关系影响主槽形态

根据上述所统计的各时期控导工程建设量级、主槽及平面形态参数，再分别对比来沙系数对主槽与平面形态的影响，见图 3-15 及图 3-16。

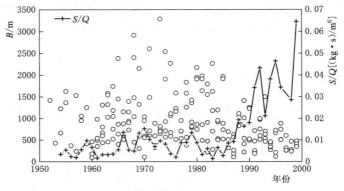

（a）控导工程建设期

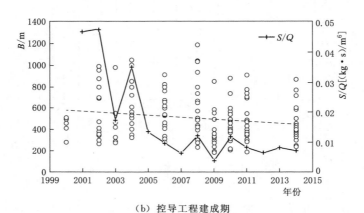

（b）控导工程建成期

图 3-15　来沙系数影响河宽调整特征

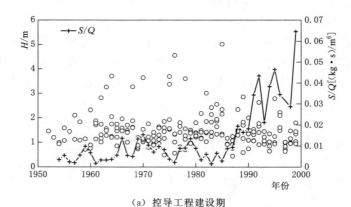

（a）控导工程建设期

图 3-16（一）　来沙系数影响水深调整特征

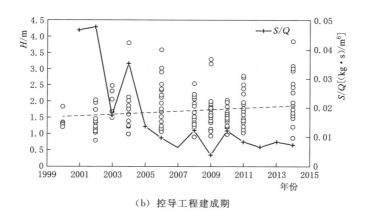

（b）控导工程建成期

图 3-16（二）　来沙系数影响水深调整特征

可以看出，控导工程建设期，来沙系数渐增，黑夹河段平均水深介于 0.5～5.0m；河宽介于 100～3000m；参数变幅大，主槽形态宽浅。控导工程建成期，来沙系数减小，平均水深介于 1.0～4.0m，河宽介于 250～1500m。对比两个研究时段，水深均值的增幅达 20%，而河宽均值的减幅接近 40%，表明目前黑夹河段的主槽断面形态趋于窄深。

对比河床纵比降调整特征。由图 3-17 可看出，控导工程建设期，河床纵比降整体呈现趋陡，均值接近 0.2‰。控导工程建成期，受水库调水调沙影响，除 2006—2011 年部分年份，河床高程略升高，比降略减小。河床纵比降均值整体仍趋陡，其均值接近 $J=0.35‰$。

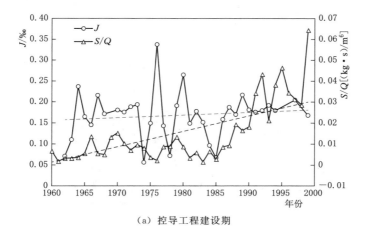

（a）控导工程建设期

图 3-17（一）　来沙系数影响河床纵比降特征

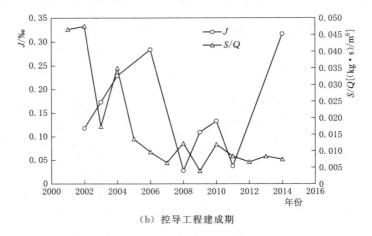

（b）控导工程建成期

图 3-17（二）　来沙系数影响河床纵比降特征

再与来沙系数对比。控导工程建设期，来沙系数递增，河床纵比降趋陡，呈相反趋势。控导工程建成期，加之来沙系数递减，河床纵比降进一步趋陡，来沙系数与河床纵比降呈正相关。表明低含沙条件下，河道主槽冲刷下切基本特征。

3.5.2　水沙关系影响弯道形态

图 3-18 各时期主流线弯道半径、丰盈度系数并与同时期水沙关系对比讨论。

可以看出，不同研究时段，两者演变趋势并不完全一致。控导工程建设期，弯道半径逐渐减小，来沙系数递增，两者演变趋势相反。控导工程建成期，虽来沙系数递减，但弯道半径基本保持稳定，表明研究河段弯道半径的演变除受水沙条件影响外，也受到控导工程的约束。

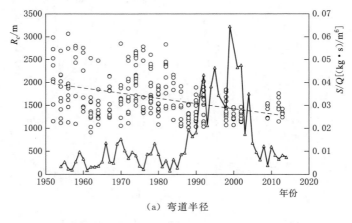

（a）弯道半径

图 3-18（一）　来沙系数影响弯道形态参数特征

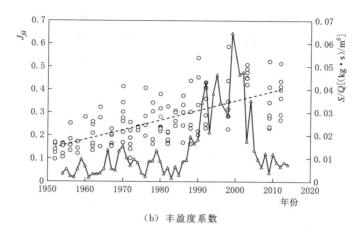

（b）丰盈度系数

图 3-18（二）　来沙系数影响弯道形态参数特征

对比丰盈度参数与来沙系数关系。控导工程建设期，随来沙系数增大，丰盈度系数增大。而控导工程建成期，来沙系数虽减小，但丰盈度系数略增，呈现相反的趋势。这一特征也无疑反映出，除水沙条件外，当地控导工程也影响弯道弯曲程度和丰盈程度。

综上所述，低含沙水流加剧整个河段比降趋陡。控导工程则约束弯道半径及丰盈度演变，并渐趋于常量，接近工程预期控导效果。而控导工程对弯曲偏斜度的影响在下述章节讨论。

3.6　水流能耗率

河流是一个复杂的动力开放系统。在调整过程中，系统熵产生趋向于与当地约束条件相适应最小值[110]，其等价于水流能耗率最小值。其中单位河长水流能耗率，简称为水流能耗率或能耗率。自然界中弯曲河流为维持自身演变动态平衡、往往具有适度、相对稳定的弯曲形态或曲率。水流能耗与弯道曲率密切相关。自然弯曲河道单位河长水流能耗率含有两个分量：一个是顺水流方向沿程阻力引起的能耗率 $\gamma Q J_l$；另一项是由横向环流引起的能耗率 $\gamma Q J_t$ [111]。因此，根据黑夹河段实测数据可得到水流能耗率。

根据水文站实测水位数据，可计算得到黑夹河段沿程水面纵比降变化特征，见图 3-19。

可以看出，控导工程建设期，黑夹河段水面纵比降呈现递减趋势。控导工程建成期，黑夹河段水面纵比降呈现递增趋势。与河床纵比降对比，控导工程建设期，水面纵比降趋缓，而河床纵比降趋陡，呈现相反趋势。控导工程建成期，两者均趋陡，呈现相同趋势。究其原因，控导工程建设期，来沙系数增大，河床冲淤演变，水面纵比降缓慢抬升，趋缓。而控导工程建成期，来沙系数递减，主河槽冲刷下切为主，河床纵比降增大，水面纵比降也随之增大。

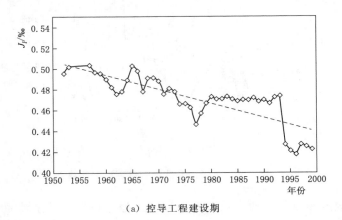

（a）控导工程建设期

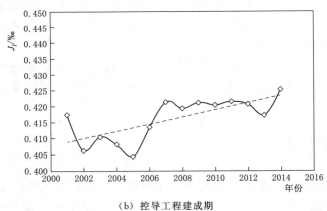

（b）控导工程建成期

图 3-19　黑夹河段水面纵比降变化特征

基于上述讨论，采用文献［111］中水流能耗率计算式，可得到黑夹河段水流能耗率历年均值调整趋势特征，见图 3-20。

对于自然界的河流，水流能耗率趋于与当地约束条件相适应最小值。由图 3-20 可看出，黑夹河段 1984 年的水流能耗率均值约 9kW/m；1999 年的水流能耗率均值约 3kW/m；整体呈现递减的趋势。表明了黑夹河段水流能耗率也趋于与当地约束条件相适应最小值，其演变遵循最小能耗理论。

因水流能耗率由顺水流方向沿程阻力引起的能耗率 γQJ_l 和横向环流引起的能耗率 γQJ_t 共同组成。计算两个分量值分别占总和的比重，以％表示。根据占比可讨论水流能耗率调整特征。两个分量的占比见图 3-21。

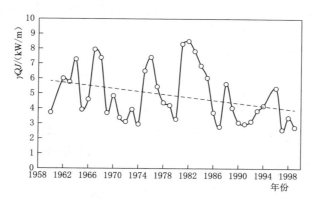

图 3-20　黑夹河段历年水流能耗率均值调整趋势

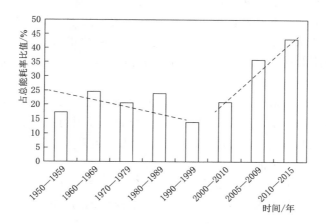

图 3-21　黑夹河段沿程能耗率占水流能耗率比值特征

可以看出，控导工程建设期，沿程能耗率逐年下降。控导工程建成期，呈相反趋势，沿程能耗率递增。因沿程能耗率与横向环流能耗率共同组成水流能耗率，表明控导工程建设期横向环流引起的能耗率逐渐增大，而控导工程建成期横向环流引起的能耗率逐渐减小。从最小能耗理论看，这一特征也反映出黑夹河段的演变逐渐趋于稳定。

自然界弯道自身演变达到动态平衡时，水流能耗率最小，且弯道曲率相对稳定。研究表明此条件下弯道曲率 $R_c/B=1.5\sim4.3$，一般认为 $R_c/B=3.2$，河湾演变相对稳定[111]。但鉴于实测数据量略少，控导工程对水流局部扰动引起的能量损失，如上下游壅水与跌水，工程控导弯道水面横比降变化规律等不甚明确。控导工程建成期水流能耗率及能耗分配规律，以及工程控导弯道演变相对稳定的阈值条件也不明确。相关研究内容在以下章节进行专题讨论。

综上所述，受控导工程影响，低含沙条件下，河道主槽冲刷下切，主槽形态相对窄深；弯道半径相对稳定。

3.7 本章小结

（1）实测资料分析表明：控导工程建设期，来沙系数渐增，黑夹河段平均水深介于 0.45～5.0m；河宽介于 100～3000m；主槽形态参数变幅大，形态宽浅，河相系数介于 40～35。控导工程建成期，来沙系数减小，平均水深介于 1.0～4.0m；河宽介于 250～1500m；主槽形态参数变幅小，形态窄深；河相系数约为 10。河床纵比降均值由 0.2‰增至 0.35‰，且控导工程当地局部河床纵比降更陡。黑夹河段水面纵比降呈现与河床比降同一演变趋势。

（2）对比两个研究时段，黑夹河段弯道个数增加了一倍。弯道半径均值由 3.0km 递减至约 1.5km，并保持相对稳定。弯曲系数增大，弯曲形态较接近设计工程控导弯曲形态。经讨论认为，控导工程对黑夹河段河道弯曲演变的调控效应显著。

（3）实测资料分析表明，黑夹河段河床比降趋陡，弯道半径保持相对稳定。表明低含沙水流加剧整个河段比降趋陡，而控导工程则约束弯道半径趋于常量。

（4）控导工程建设期，河相关系系数较大，但弯道曲率系数小。建成期，河相系数减小，但弯道曲率增大。

（5）黑夹河段水流能耗率在 20 世纪 70 年代最大，至 90 年代逐渐趋小。控导工程建设期，沿程水流能耗率递减；控导工程建成期，沿程水流能耗率递增。

第4章 控导工程影响河道演变及弯曲过程模拟

4.1 引言

根据第3章，丁坝或坝垛以一定间距和角度成组布置，继而形成了黄河下游河道典型的控导工程以约束主流摆动，控导河势。这一控导过程必干扰当地水流结构，影响当地河床演变。而且控导工程中各单体工程间也存在相互影响。为更好地回答上述问题，有必要开展水槽实验，观测单、双丁坝附近河床局部冲刷演变过程。在此基础上，开展河工物理模型试验，模拟工程控导河道弯曲演变过程，讨论并验证控导工程对河道主槽、平面形态演变的影响。

4.2 丁坝局部微地貌时空演变特征

4.2.1 实验概况及工况设计

4.2.1.1 工况设计

为从更微观角度讨论丁坝局部冲刷演变特征，首先在水槽中进行丁坝（控导工程的单体形式）局部冲刷试验。共分为两个阶段，首先进行正挑及下挑单丁坝局部冲刷实验，其次进行双丁坝（正挑）局部冲刷实验，分别讨论丁坝附近局部微地貌演变及丁坝间相互影响。

实验相关参数：水槽长50m，宽0.8m。实验区位于水槽中部。丁坝采用有机玻璃材料制成，其结构形式概化为直墙型，半圆形坝头。设置正挑（$\theta=90°$）及下挑（$\theta=30°$）两类布置方式。丁坝长度为0.2m，$L/B=0.25$。床沙为均匀沙，中值粒径$D_{50}=0.7$mm，非均匀系数为1.3，水深$H=0.15$m。

为避免上游泥沙补给冲刷坑，影响冲刷坑演变过程，拟采用来流强度$U/U_c=0.85$。虽来流流速小于泥沙起动流速，但因丁坝断面侵占过流断面面积，仍会发生局部冲刷现象。其中上游行进流速U采用ADV测量。相应的，U_c为泥沙起动流速，采用张瑞瑾泥沙起动公式[112]进行计算。$Fr=0.24$。实验历时分别为$t=0.5$h、1h、2h、3h、5h、12h、24h，以及$T=48$h，以达冲刷平衡状态[113]。

丁坝群局部冲刷试验。每组试验均布置两个丁坝，并按丁坝长度的倍数表示各丁坝的间距，如 $S_d = 1L$，$2L$，$\cdots$，$9L$。其他参数均与单丁坝局部冲刷试验一致。考虑两个丁坝间的沙波迁移影响冲刷演变过程，清水冲刷历时相应增长，每组试验约为 160h。观测并分别记录上游丁坝，下游丁坝整个演变过程局部冲深 d_{s1} 和 d_{s2} 演变特征。

实验布置见图 4-1，工况设计等见表 4.1。

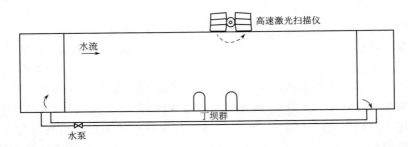

图 4-1　试验布置示意

表 4.1　　　　　　　　　　　　水槽实验工况统计表

工　况	U/U_c	H/m	布置形式	丁坝间距	历时/h
单丁坝	0.85	0.15	$\theta = 90°$	0	48
			$\theta = 30°$		
双丁坝			$\theta = 90°$	$1L \sim 9L$	168

4.2.1.2　实验地形测量

丁坝附近微地形包括坝头处的局部冲刷坑、大尺度沙波以及一般冲刷引起的较小尺度冲刷坑。为了更精确地获得冲刷坑附近微地形演变特征，拟采用高精度激光扫描仪获取各工况实验地形。

三维激光扫描技术原理是通过发射激光扫描被测物，以获取被测物体表面的三维坐标。其可快速、大量获取采集空间点位信息，为物体三维重构提供了一种全新技术手段。三维激光扫描技术能够提供扫描物体表面的三维点云数据，因此可以用于获取高精度高分辨率的数字地形模型。Leica Scan Station P30 激光扫描仪为成熟的商用设备，融合了测角测距技术、数字化技术等。采集地形时，1km 范围内最大测距误差不超过 1.2mm。

对实验地形进行数据采集，因获得数据量巨大，如冲刷坑点云数据可达百万。数据不仅包含了目标本身，还包括了几何边界之外非观测目标的细节特征。且点云数据只包含冲刷坑表面三维坐标信息，并没有明确的几何信息[114]。另外，特殊情况下受目标物遮挡，需从不同角度获取目标信息，再通过拼接而成。因此，点据密集，数量庞大，冗余数据过多，处理过程繁琐。

点云数据预处理包括拼接、去噪等。数据精简是曲面重构的基础。选取合理的精简方式是曲面重构效果的重要环节。数据精简的算法众多，通常采用网格法、聚类法等[115-116]。但缺失针对河流微地貌曲面散乱点云的精简方法。假定丁坝坝头处泥沙为均匀球形，冲刷坑几何结构近似一个规则的三维球形。根据微分几何知识，为尽可能保留较多特征点，使得局部曲面不至于丢失更多细节，采用曲面曲率相关的算法，对局部冲刷坑实验地形点云简化处理。

综上所述，采用激光扫描仪获取实验区域数据点云，包括丁坝、几何边界及实验地形信息等。首先对点云进行预处理。导入经简化后的点云数据，然后计算并重构微地貌三维结构特征。借助 Matlab 计算环境，同时再辅以 CASS、Surfer 等相关计算软件进行局部微地貌重构。

4.2.2　单丁坝局部冲刷演变

4.2.2.1　流速分布特征

预备实验阶段，为获得流速分布特征，采用 ADV 测量丁坝布设断面的流速分布特征。经处理，流速平面、沿水深方向分布特征见图 4-2。

流速分布特征表明，水槽实测流速值约 0.29m/s，较设计流速略小。沿垂向流速分布符合指数律分布。沿水槽宽度方向流速区别较小，与水槽宽度与水槽岸壁光滑相关。

布置丁坝并进行局部冲刷试验。因受丁坝挤压，流速增大，局部冲刷坑产生。布置丁坝后同一断面流速见图 4-3。图中 z 正值为床面以上，负值为床面以下。$z/H<0$，表示测点位于冲刷坑内部。虚线为丁坝边界线。

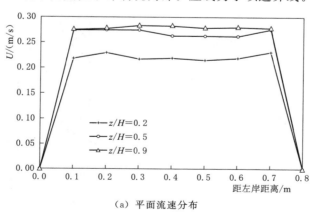

（a）平面流速分布

图 4-2（一）　布置丁坝前流速分布特征

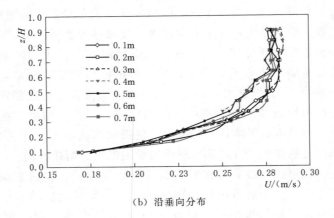

（b）沿垂向分布

图 4 - 2（二）　布置丁坝前流速分布特征

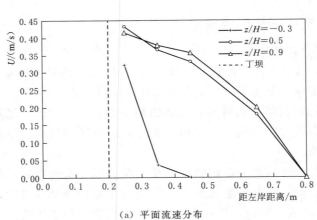

（a）平面流速分布

（b）沿垂向分布

图 4 - 3　布置丁坝后流速分布特征

对比布置丁坝前后断面流速分布特征。轴线断面流速最大值是布置丁坝前的 1.4 倍，最大达到 0.42m/s。这一比例关系同花园口与夹河滩两个水文站断面年均流速比值接近，其均值为 1.3。

因冲刷坑的存在，沿垂向指数律分布特征明显改变。受丁坝对水流挤压，沿水槽宽度方向流速值增大，流速分布也明显发生改变。冲刷坑内，受地形掩护，远离丁坝坝头处流速锐减，而靠近丁坝坝头处流速增大。

4.2.2.2　局部冲刷坑演变

试验过程中关注了丁坝上下游之间河床纵剖面形态变化特征，即以坝头中心线为起点，向下游提取各演变阶段地形剖面。提取各演变时刻两丁坝剖面二维形态特征，见图 4-4。

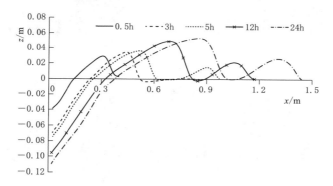

图 4-4　局部冲刷演变各阶段冲刷坑形态剖面

从二维剖面形态演变看，一是局部冲刷下切速率同下游沙波发育速率接近同步；二是沙波逐渐向下游迁移。整个演变过程中坝头下游纵剖面的坡度始终不变，呈现相似性。但顺水流方向呈现逆坡，即局部河床倒比降。

为更直观地理解局部冲刷微地形调整过程及特征，以丁坝局部冲刷实验地形为基础，仅选取正挑丁坝工况，根据所获取的各演变阶段实验地形点云数据，按丁坝局部冲刷坑 3D 结构重构手段和流程，获得各演变阶段微地形，见图 4-5。

局部冲刷演变初期（$t > 5h$），丁坝坝头处产生冲刷坑，并逐渐发展演变。冲刷坑下游逐渐堆积形成沙波。河床局部冲刷下切同时伴随着下游沙波演变。

局部冲刷演变中期（$5h \leqslant t < 24h$），坝头附近局部冲刷继续下切，并展宽，局部冲刷漏斗形成。漏斗上游为顺坡，下游为逆坡，坡度的大小与泥沙粒径水下休止角相关。冲刷坑下游沙波继续发育，同上一时段相比，沙波高度发育速度明显弱于沙波长度发育速度。沙波下游，受水流作用影响，产生一般冲刷，形成尺度略小冲刷坑。

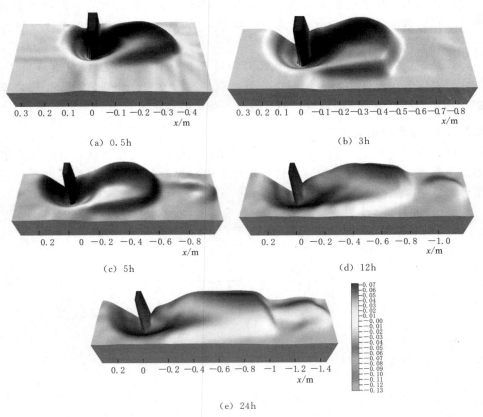

（a）0.5h

（b）3h

（c）5h

（d）12h

（e）24h

图 4-5　丁坝局部冲刷坑三维形态

局部冲刷演变后期（$t \geqslant 24h$），坝头附近冲刷坑继续展宽及下切，冲刷漏斗进一步扩大。同一时期，冲刷坑下游沙波的尺度也继续增大。沙波高度与沙波长度均发生明显的改变。对比不同演变阶段，沙波的形态相似，呈现非对称性形态特征。受沙波附近水流影响，下游一般冲刷的冲深也逐渐增加。

4.2.3　双丁坝局部冲刷演变

同单体丁坝局部冲刷类似，试验过程中同样关注了丁坝上下游之间河床纵剖面形态变化特征。讨论上游大尺度沙波迁移对下游其他丁坝局部河床变形的影响。提取各演变时刻两丁坝剖面二维形态特征，见图 4-6。图中虚线为丁坝中心线，其中 $x=0$ 为上游丁坝中心线，另一虚线为下游丁坝中心线。

二维形态演变特征同单丁坝相似，但也存在差异。表现为随丁坝间距的改变，沙波对下游其他丁坝附近河床变形的影响也略有不同。

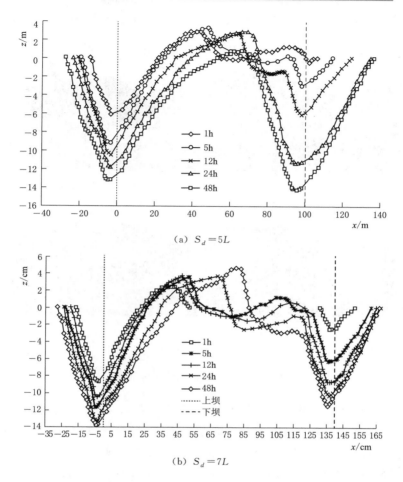

(a) $S_d = 5L$

(b) $S_d = 7L$

图 4-6　双丁坝冲刷演变各阶段冲刷坑形态剖面图

　　试验结束后，通过扫描并获取不同间距下实验地形，并对地形点云数据进行重构，部分工况冲刷坑结构见图 4-7。

　　可看出，丁坝间距较近，上游丁坝局部冲刷产生的沙波不断补充至下游冲刷坑。下游局部冲刷坑几何形态明显较上游局部冲刷坑体积略小。随丁坝间距增大，两个控导间相互影响程度减弱：一是各丁坝下游均形成各自独立的大尺度沙波；二是局部冲深与冲刷坑三维结构也趋于相似。

　　对比 $S_d = 5L$ 与 $S_d = 7L$ 工况下丁坝下游的沙波三维结构特征，可看出，丁坝坝头侧略低，而丁坝根部侧略高，呈现非对称特征。但当丁坝间距增大，这一差异性趋于弱化。由此反映各因素相同时，丁坝下游的沙波形态受丁坝间距的影响。沙波的非对称性结构也易诱发当地流态改变以及流向偏转。这与黄河下游河道控导工程群下游大尺度边滩发育影响当地流态或流向是相似的。

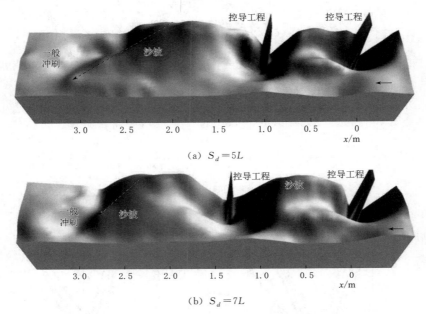

（a）$S_d = 5L$

（b）$S_d = 7L$

图 4 - 7　双丁坝局部微地貌典型特征

图 4 - 8 展示了不同间距条件下丁坝局部冲深 d_{s1} 和 d_{s2} 随时间演变特征。其中 d_{s1} 为上游丁坝的局部冲深；d_{s2} 为下游丁坝的局部冲深。通过冲深讨论局部冲刷演变特征，以及沙波迁移对下游丁坝局部冲刷演变的影响。清水冲刷条件下，局部最大冲深随时间演变特征研究成果极其丰富，有部分学者以时间尺度为度量标准，讨论局部冲深随时间演变特性，如可采用对数函数关系[113] 描述局部最大冲深随时间演变规律。

可看出，上游丁坝局部冲刷演变特征可用相同的函数关系进行描述，其冲刷演变过程同单体丁坝冲刷演变过程基本一致；而下游丁坝局部冲刷演变特征明显要复杂。主要表现在随着两丁坝间距的增大而减小，特别是两者距离为 4～5 倍时，这一差异达到最大。究其因，上游丁坝局部冲刷所产生的沙波逐渐迁移并影响下游丁坝局部冲刷。

为更进一步地对比分析沙波迁移对不同间距丁坝局部冲深的影响，引入无量纲参数 t/T、d_{st}/d_{se} 进行讨论。其中 t 为演变时间，T 为演变终止时间，d_{st} 为演变任意时刻局部冲深，d_{se} 为演变终止时局部冲深。不同间距条件下，上游丁坝及下游丁坝演变过程见图 4 - 9。

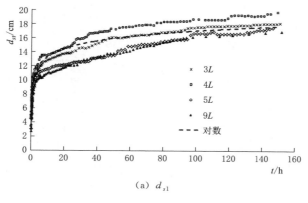

（a）d_{s1}

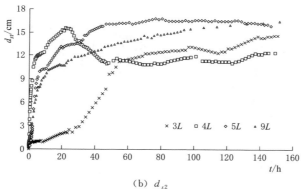

（b）d_{s2}

图 4-8　双丁坝局部冲深演变特征

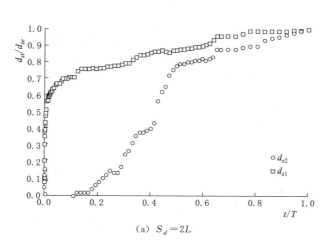

（a）$S_d=2L$

图 4-9（一）　双丁坝局部冲刷相互影响规律

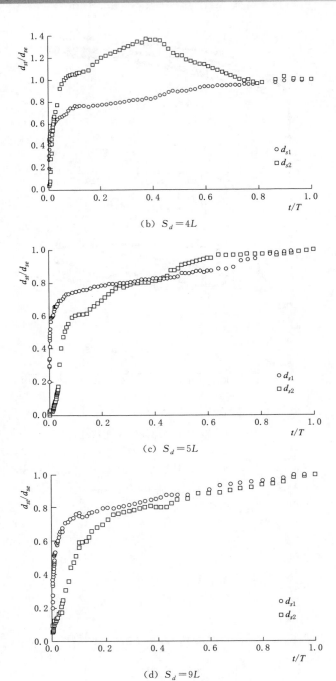

（b）$S_d = 4L$

（c）$S_d = 5L$

（d）$S_d = 9L$

图 4-9（二）　双丁坝局部冲刷相互影响规律

$S_d<5L$，上游丁坝局部冲刷演变速率大于下游丁坝局部冲刷演变速率，表明上游丁坝对下游丁坝的局部冲刷具有掩护作用。

$S_d \geqslant 5L$，演变初期，下游丁坝冲刷速率大于上游丁坝局部冲刷演变速率。究其原因，上游沙波迁移至下游引起局部过流断面面积锐减，流速增大，造成局部冲刷演变速率加快，加剧局部冲刷。随着水流对沙波的持续作用，沙波尺度减小，对当地流速影响减小，变形速率逐渐恢复。

随着丁坝间距的进一步增大，上下游丁坝局部冲刷演变速率渐趋于一致，局部冲刷呈现同步演变特征。

4.2.4 局部冲刷坑演变速率

根据 4.1 节水槽实验部分可知，清水冲刷条件下，丁坝上游床面始终保持静止，受丁坝挤压水流局部冲刷最大，下游形成大尺度沙波。根据所获取的局部冲刷坑三维形态特征，若不考虑下游沙波，则局部冲刷坑三维结构近似倒截头圆锥体，而且整个演变过程均保持同一结构，详见图 4-10。

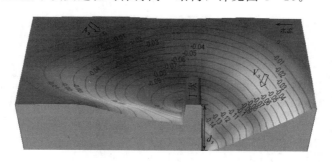

图 4-10 冲刷坑 3D 结构及几何参数

假定丁坝坝头处一粒泥沙发生了运动，且此泥沙颗粒足够大，均匀球形，那么此刻冲刷坑几何结构近似一个规则的三维球形[113]。局部冲刷深度等于泥沙颗粒直径，即 $d_s = D_{50}$，则冲刷坑的体积则为 $(\pi/6)D_{50}^3$。随着冲刷的发展，越来越多的泥沙颗粒被水流输运至下游，局部冲深增大的同时，也逐渐展宽。演变终止时，冲刷坑体积是冲深与宽度的函数。在空间坐标系内，对于规则几何体，体积是面积和高（深）度的函数，即 $V = f(S, h)$。假定局部冲刷坑为规则几何体，另 $H_{rt} = d_{st}$，则体积可简写为 $V_{st} \sim d_{st}^q$。若 $q=3$，表明局部冲刷坑纵向与垂向演变速率接近相同，垂向与纵向同步侵蚀。若 $q<3$，局部冲刷坑纵向演变速率大于垂向的演变速率，以纵向演变为主。可依此判别局部冲刷区域，即控导工程影响区域河床变形速率。

根据水槽实验结果，统计各工况局部冲刷坑相关参数，见表 4.2。根据表中数据讨论局部冲刷坑的演变速率。

表 4.2　　　　　　　　　丁坝局部冲刷试验结果统计表

迎流角 θ /(°)	水深 h /m	投影长度 L' /m	局部冲深 d_{st} /cm	冲刷坑面积 A_{st} /cm²	冲刷坑体积 V_{st} /cm³	冲刷历时 /h
90	0.15	0.12	5.6	234.28	485.68	0.5
			6.6	417.23	959.99	1
			7.8	605.10	1570.12	2
			8.9	778.07	2266.63	3
			9.8	898.55	2747.63	5
			12.2	1317.20	5002.13	12
			13.7	1698.56	7720.24	24
			16.3	2285.44	12415.15	48
30	0.15	0.06	4.2	219.27	323.66	0.5
			5.1	290.14	474.57	1
			5.9	396.68	663.13	2
			6.5	464.60	1025.67	3
			7.4	580.11	1522.65	5
			8.6	737.43	2259.77	12
			9.6	917.72	3013.09	24
			10.7	1087.89	4014.74	48

经计算，得到局部冲刷坑体积演变速率，见图 4-11。

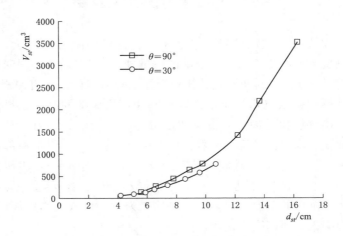

图 4-11　局部冲刷演变速率

观测数据表明 $q = 2.9$，接近 3，表明正挑及下挑布置形式，冲刷坑纵向与垂向演变速率接近相同，垂向与纵向同步侵蚀。

4.3 游荡型河道演变过程模拟

4.3.1 黄河下游河道概化物理模型设计

4.3.1.1 模型设计

游荡型河道的水沙特性错综复杂，如岸滩消长和河道游荡频繁多变。泥沙沉积及输移不仅引起河床糙率在空间上的变化，也易产生复杂的河槽形态。模拟其演进过程，掌握其演进规律也就变得非常复杂。一般采用河工物理模型（实体物理模型）模拟其演变过程。按河工模型相关相似定律设计概化模型，相似条件[117] 如下。

水流重力相似条件：

$$\lambda_V = \sqrt{\lambda_H} \tag{4.1}$$

水流阻力相似条件：

$$\lambda_n = \frac{1}{\lambda_V} \lambda_H^{2/3} \left(\frac{\lambda_H}{\lambda_L} \right)^{1/2} \tag{4.2}$$

水流挟沙相似条件：

$$\lambda_s = \lambda_{s_*} \tag{4.3}$$

泥沙悬移相似条件：

$$\lambda_\omega = \lambda_V \left(\frac{\lambda_H}{\lambda_L} \right)^{0.75} \tag{4.4}$$

河床变形相似条件：

$$\lambda_{t_2} = \frac{\lambda_{\gamma_0}}{\lambda_s} \lambda_{t_1} \tag{4.5}$$

泥沙起动及扬动相似条件：

$$\lambda_{V_c} = \lambda_V = \lambda_{v_f} \tag{4.6}$$

悬沙粒径比尺表达式：

$$\lambda_d = \left(\frac{\lambda_v \lambda_\omega}{\lambda_{\gamma_s - \gamma}} \right)^{1/2} \tag{4.7}$$

式中：λ_L 为水平比尺；λ_H 为垂直比尺；λ_V 为水流流速比尺；λ_n 为糙率比尺；λ_ω 为悬沙沉速比尺；λ_s 为水流含沙量比尺；λ_{s_*} 为水流挟沙能力比尺；λ_{t_1} 为水流运动时间比尺；λ_{t_2} 为河床冲淤变形时间比尺；λ_{γ_0} 为淤积物干容重比尺；λ_{V_c} 为泥沙起

动流速比尺；λ_v 为水流运动黏滞性系数比尺；$\lambda_{\gamma_s-\gamma}$ 为泥沙与水的容重差比尺；λ_d 为悬沙粒径比尺；γ_s、γ 分别为泥沙、水的容重。

推导起动流速比尺关系所依据流速公式均是半经验半理论公式，建立的比尺关系并不成熟，严格做到泥沙起动相似困难，一般参照泥沙起动试验结果确定。采用中值粒径约 $D_{50}=0.05\text{mm}$，容重 $\gamma_s=1.9\text{t/m}^3$ 的非均匀模型沙，其起动流速与水深关系曲线见图 4-12。可看出，起动流速约 0.15m/s。

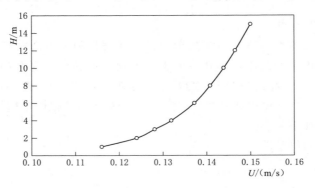

图 4-12　模型沙起动流速

4.3.1.2　模型布置

拟选取黄河下游黑岗口至夹河滩河段为研究河段。但鉴于试验场地限制，实验地形扫描工作量和精度问题的制约，拟采用概化弯道模型进行模拟试验。见图 4-13。

图 4-13　模型布置示意图

4.3.1.3　工况设计

具体参数为：概化河段总长度约 12m×5m，其中观测区域长度为 4m×2m。河道初始宽度为 0.1m，水深 5cm。参考第 3 章内容，设计河床初始比降为 0.3‰。采用恒定流，设计流速约 0.15m/s。因试验循环用水为浑水，含沙量约

$5kg/m^3$，基本符合低含沙特征，试验过程中不再添加悬移质。进口采用电磁流量计控制流量，抽条式尾门控制尾水位。

控导工程采用丁坝形式，按等长、等间距下挑形式布置。每组控导工程的总长度以丁坝长度倍数表示。首先设计治导线及弯道半径 $R_c=0.5m$（见图 4-13）。整个试验观测区域从上游到下游依次布置 3 座控导工程群。试验过程中为更好地模拟黄河下游控导工程建设历程，每座控导工程的丁坝数量依据河势而调整，数量并不完全一致。整个试验过程大致分为两个阶段：

第一阶段：模拟游荡型河道形成过程。即初始为顺直河道在恒定流作用下逐渐演变至游荡河型，验证黄河下游游荡型河道形成过程。在游荡河型道基础上，设计控导弯曲治导线（见图 4-13），并布置控导工程进行下一阶段试验工作。

第二阶段：根据设计控导主流线，保持水沙条件不变，逐步累加控导工程，讨论控导工程对河道演变的调控效应，并预测河势未来发展趋势。

4.3.1.4　试验观测

在试验观测区域顶部安装监控相机。试验过程中按一定时间间隔获取试验区域河道平面形态，后期提取河道平面形态相关参数进行讨论。采用测针及测架观测水位变化。试验结束后扫描河道形态，后续处理成二维及三维河道形态特征图，以提取地形、主槽特征参数，并与第 3 章研究内容对比讨论并验证。

4.3.2　游荡型河道演变过程

初始地形为顺直河道，施放恒定流，流量 0.4L/s、含沙量约 $5kg/m^3$。整个试验历程约 168h。采用相机监测整个演变过程，记录试验区域河道演变过程资料，提取河道平面形态参数，讨论演变特征。

4.3.2.1　平面形态演变

河道演变是来水来沙与边界条件相互作用的过程。河道的横向变形主要取决于水流与河岸相互作用，水流强度大于河岸的抗冲刷能力时，河岸会后退，并形成弯道。反之，水流强度小于河岸抗冲刷能力时，河岸会约束或控制水流方向，逐渐形成工程控导弯道。演变初期河道以展宽为主，演变至 12h 后，与初始河宽相比河道宽度整体增大近 3 倍。展宽过程中，岸线受水流侵蚀塌落，逐渐开始出现锯齿形岸线。随着水流持续作用，演变至 24h，由于水流对岸线持续淘刷，平面形态逐渐弯曲。演变至 72h，试验观测河段逐渐由微弯演变至弯曲型，主流发生摆动，河势逐渐向下游传递。演变至 168h 后，观测河段主流摆动，心滩、嫩滩发育明显。逐渐演变至游荡型。各演变典型时刻河道平面形态影像见图 4-14。

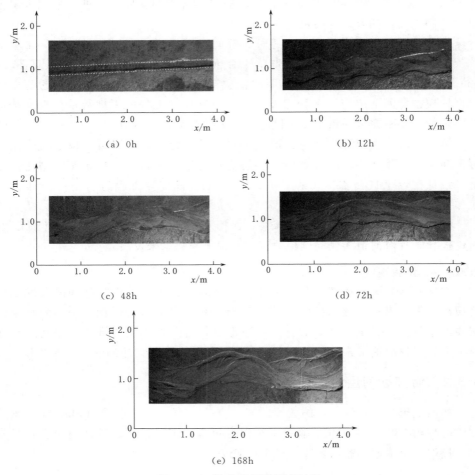

图 4 - 14　游荡型河道演变过程

4.3.2.2　流速分布特征

试验过程中观测弯道内流速分布特征。共布设 7 个断面,其中进口段 1 个断面;各个弯道处均布设 2 个断面,共 6 个。分别套绘流速平面分布,套绘流速与水深分布图,以讨论控导工程对弯道流速分布影响特征。观测断面流速分布,流速与水深分布见图 4 - 15。

从断面流速与水深套绘图可知,流速最大位置与最大冲深位置重合。从流速平面分布特征看,进口段断面流速分布 0.17m/s,比流速设计值略大。因此流速修正为 0.17m/s,相应的水流弗劳德数 $Fr = 0.24$,以便于后续数值模拟工作。

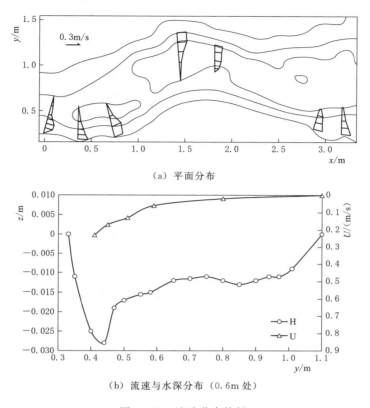

（a）平面分布

（b）流速与水深分布（0.6m处）

图 4-15　流速分布特征

从断面流速与水深分布特征看，凸岸流速较小，凹岸流速大，流速最大位置冲深也相应最大。从各断面平面分布特征看，从上游至下游各弯顶最大流速分别为 0.23m/s，0.2m/s 和 0.2m/s，沿程减小。流速分布基本符合弯道流速分布规律。

4.3.2.3　河势及主流线曲率分布

根据影像资料，提取主槽边界线，进一步讨论河道演变及主槽摆动幅度，见图 4-16。

从图 4-16 中可看出，初始条件河道顺直，经过缓慢演变，逐渐展宽，受水流顶冲岸线出现锯齿波形边界，并开始形成小尺度弯道。发展到一定程度后形成单一微弯。受弯道影响，水流泥沙运动规律发生改变，弯道附近主槽的冲淤变化。凹岸受侵蚀后退，随着河势向下游持续传递，演变至 72h 以后，整个河道出现连续弯道。从主槽演变过程看，基本呈现两个典型特征：一是主槽先展宽后摆动，摆动幅度约 0.5m；二是平面形态逐渐弯曲。

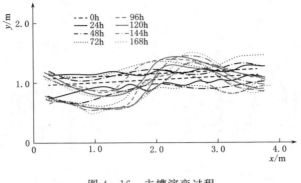

图 4 - 16　主槽演变过程

典型时刻主流线曲率变化也反映了上述特征，见图 4 - 17。

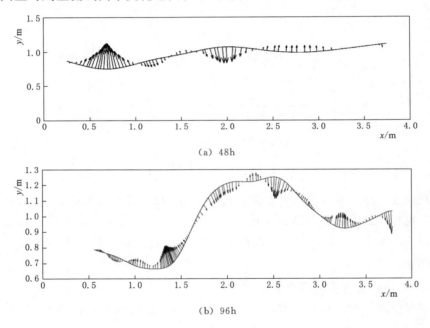

（a）48h

（b）96h

图 4 - 17　主流线演变及曲率分布特征

从主流线曲率分布特征看，演变至 48h，主流线弯道半径约 0.5m；接近设计值。弯曲系数为 1.04，表明主流线较为顺直。随着河势缓慢演变，水流侵蚀岸线崩塌，主流线逐渐弯曲。至 96h，弯道半径略有减小，约 0.44m；弯曲系数略有增大，约 1.12。整个河势仍表现出小水坐弯，主流线进一步弯曲的特征。特别是上游形成连续，多发的微型弯道。

4.3.2.4 河道形态三维特征

实验过程及结束后采集地形，后处理成河道形态三维地形图，以便于后续主槽形态分析讨论，如纵、横断面形态，弯道曲率特征等。重构后，各典型时刻河道三维结构见图 4-18。

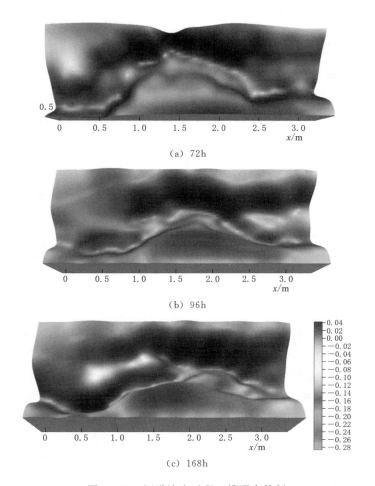

(a) 72h

(b) 96h

(c) 168h

图 4-18 河道演变过程三维形态特征

因地形获取难度略大，分别观测 72h、96h 及 168h 河道三维形态特征。小水、低含沙量条件下，对比各典型时刻河道三维形态特征。可看出，演变至 72h，河道形态由顺直演变至弯曲形态，河槽形态呈现宽浅特征，主流摆动。随着水流的持续作用，演变至 96h，河道形态明显呈现游荡型，河道更趋于宽浅、散乱。同上一时刻相比，嫩滩发育明显。演变至 168h，在试验观测河段 0.5m

处位置出现弯道，主槽下切特征明显。不同演变时刻特征基本反映出了游荡型河道典型特征。

讨论表明，上述试验较好地模拟了游荡型河道形成及演变过程。

4.4　工程控导弯曲演变过程模拟

4.4.1　弯曲过程模拟

4.4.1.1　试验概况

根据设计治导线，在弯顶布置控导工程以控导主流，稳定河势。具体做法是：流量、含沙量同上一工况一致。从试验观测河段上游开始，分别在弯顶布置 3 组丁坝，试验过程中，观测控导工程对河势控导效果，以实际控导效果为准，采用逐渐增加方式。各工况详细参数见表 4.3。

表 4.3　　　　　　　　　　物理模型试验工况设计表

工　况	控导工程群/组	丁坝数量	工程总长度占河道长度百分比/%	历时/h
初步控导阶段	2	$S_d/L=4$	20	36
控导阶段	3	$S_d/L=6$	35	196
		$S_d/L=14$	65	
演变趋势	3	$S_d/L=17$	75	72

初步控导阶段试验：从上游至下游共布设两组丁坝，每组丁坝数量均为 2，总数量为 4 座，整个试验历时为 36h。

控导阶段：随着河势改变逐渐添加丁坝数量。共布设 3 组控导工程。第 1 组丁坝数量逐渐累加到 6 座，第 2 及 3 组丁坝数量逐渐累加至总数量为 14 座。整个试验历时为 192h。

演变趋势阶段，在上两个工况试验基础上，进一步累加各组丁坝数量。讨论同一水沙条件下，随着控导工程量级进一步增加，河道平面形态演变的趋势。

4.4.1.2　平面形态演变

对比分析控导工程量级对河道弯曲演变过程影响，各阶段影像见图 4-19。

初步控导工况，因布置丁坝数量极其有限，河型宽浅散乱，没有改变整个河势游荡特点。随着控导工程数量的增加，主流逐渐归顺，而未布置控导工程河道仍呈现游荡特征。

随着控导工程量级增加，受工程约束，河势整体得到控制。相较而言，河道平面形态趋于弯曲，控导工程对河势调控效果显著。

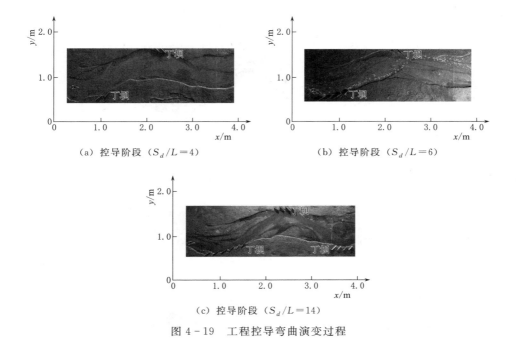

（a）控导阶段（$S_d/L=4$）　　　　　（b）控导阶段（$S_d/L=6$）

（c）控导阶段（$S_d/L=14$）

图 4-19　工程控导弯曲演变过程

4.4.1.3　河势与主流线曲率分布

初步控导工况，因各组控导工程中丁坝数量有限，河型仍呈现宽浅散乱，整个河势游荡特点仍突出。随着丁坝数量的逐步增加，工程控导效果逐渐显现。同游荡工况相比，主流摆动明显减弱，河势基本上得到控制，形态更趋于弯曲。这一特征从各时刻河势及主槽演变特征可得到验证，见图 4-20。

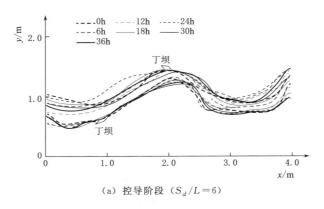

（a）控导阶段（$S_d/L=6$）

图 4-20（一）　主槽弯曲演变过程

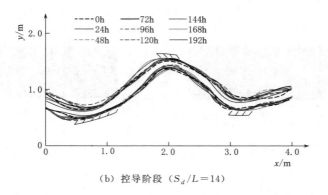

（b）控导阶段（$S_d/L=14$）

图 4 - 20（二）　主槽弯曲演变过程

再对比河势主流线曲率分布特征，见图 4 - 21。

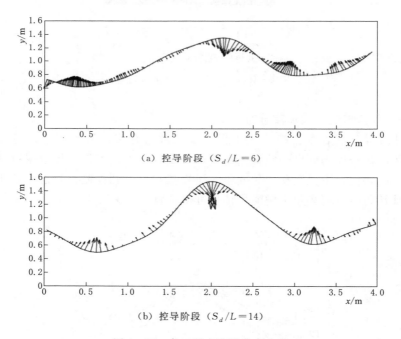

（a）控导阶段（$S_d/L=6$）

（b）控导阶段（$S_d/L=14$）

图 4 - 21　各工况主流线曲率分布

可以看出，随控导工程量级的增多，弯道半径略有减少，约 0.44m；弯曲系数进一步增大，介于 1.15～1.29。表明对河势控导效果渐显现，平面形态也渐趋于弯曲；平面形态与设计治导线曲率分布较为接近。由此可认为控导工程量级与河道弯曲程度密切相关。

4.4.1.4　流速分布特征

试验过程中观测了流速分布情况，共布设 8 个断面，其中进口段 1 个，第 1组控导工程处 3 个，第 2 及 3 组控导处各两个。同上述工况，仍选取 0.6m 处断面，讨论同一断面流速分布特征，以及弯道平面流速分布特征，见图 4 - 22。

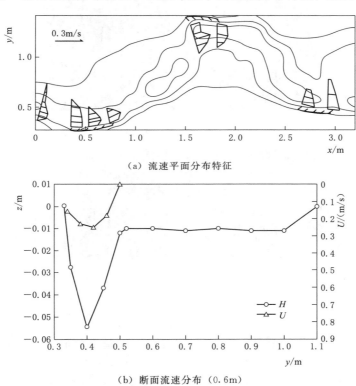

（a）流速平面分布特征

（b）断面流速分布（0.6m）

图 4 - 22　断面流速分布特征

进口断面流速不变。对比各弯顶最大流速，分别为 0.26m/s、0.32m/s、0.24m/s。控导工程显著增大所在断面的流速，第 2 组丁坝处（1.5m 处）因存在小尺度沙波发育，因此更靠近坝头处流速偏小。受丁坝坝头处绕流影响，流速观测值均有所偏小。

从断面流速与水深分布特征看，流速最大位置位于坝头前端，与最大冲深位置重合。因主槽冲刷下切，河宽减小，加之丁坝侵占过流面积，与游荡型试验工况比整个断面流速明显增大。

综上所述，控导工程不仅增大当地流速，受丁坝挤压，也导致断面流速分布发生改变，流速最大位置更靠近丁坝坝头处。

4.4.1.5　主槽形态特征

实验过程及结束后，处理成河道形态三维地形图，以便于河道纵，横断面形态参数提取及讨论。重构后河道三维几何结构见图 4-23。

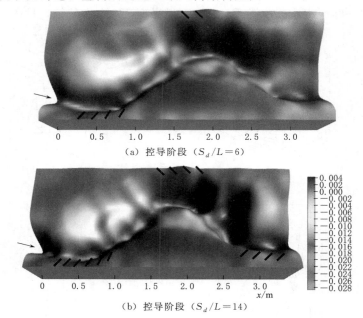

(a) 控导阶段（$S_d/L=6$）

(b) 控导阶段（$S_d/L=14$）

图 4-23　控导条件下河道三维形态特征

与游荡型河道形态特征相比，受控导影响，河道平面形态明显呈弯曲形态。同时也应注意到，低含沙水流条件下河道主槽冲刷下切，这与黄河下游河道演变特征相似。试验观测也注意到，控导工程间呈现两个典型现象：一是上游控导工程的下游河段河宽增幅较大，即过渡段河宽显著增大，与自然条件相比，增幅明显略大；二是上游控导工程的下游局部河段河床倒比降特征明显。

4.4.2　演变趋势预测

控导工程约束了主流的摆动，控导河势弯曲演变。同时也产生了新的问题，即现状或更不利水沙条件下，随着控导工程后续陆续建设，河道形态是否更趋于弯曲，甚至形成畸形。河势演变是一个长期性的过程，其稳定过程往往需要几十年，甚至上百年。为模拟河势未来发展的趋势，通过大量累加控导工程量级以加速河势演变，预测河势发展趋势，讨论黄河下游河势稳定性。

流量、含沙量保持不变，进一步累加各组控导工程的丁坝数量。其中，第 1 组控导工程的丁坝数量达到 7 座；第 2 组控导工程的丁坝数量达到 5 座；第 3 组控导工程中丁坝数量达到 5 座，总数量为 17 座，整个试验历时为 72h。其他条件均不变进行模拟试验。

从试验区影像图看（见图 4 - 24），低含沙条件下，主槽下切，滩地裸露。受控导工程制约，整个河道主流基本不再摆动，河势整体上得到控制。河道平面形态逐渐弯曲。控导工程达到预期效果。

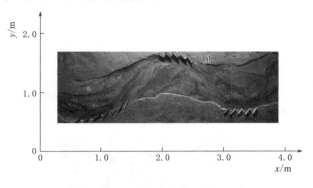

图 4 - 24　试验影像图

另据试验过程观测，因水深浅，在沙波迁移处，河道明显具有展宽特征。

根据试验观测结果，再对比河势演变及主流线曲率分布特征，分别见图 4 - 25 及图 4 - 26。

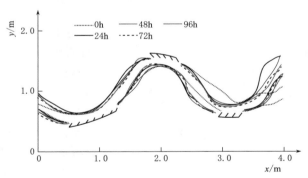

图 4 - 25　平面形态弯曲演变特征

从图 4 - 26 中可看出，弯道半径约 0.37m，弯曲系数为 1.5。主流线平面形态较设计治导线更弯曲。控导工程基本实现了对河势的控导。据试验观测，虽更有效地控制主流摆动，但同时也易加剧主槽变形以及平面形态弯曲程度。特别是两个控导工程之间的过渡段，此区间极易诱发小型弯道，连续触发弯曲。不利水沙条件下，甚至诱发畸形河势发育，威胁当地河势稳定。

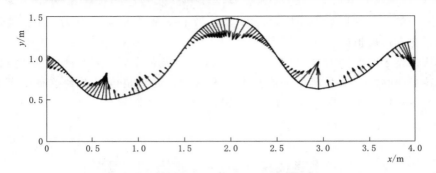

图 4-26　主流线演变及曲率分布特征

试验后的河道形态三维也验证这一特征，见图 4-27。

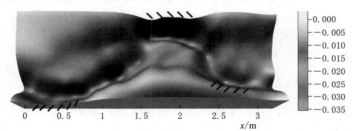

图 4-27　河道三维形态特征

由图 4-27 可看出，呈现两个特征：一是平面形态更弯曲；二是控导工程下游河床出现间断性的倒比降。这是由于控导区域局部冲刷造成局部河床下切，而下游过渡段受沙波影响河床抬高，继而形成河床倒比降。对比看，控导工程量级的增加也导致当地河床倒比降明显趋陡。

综上所述，小水、低含沙条件下，主槽冲刷。受工程约束，弯道形态逐渐弯曲并接近设计弯曲形态。随着工程量的进一步增加，过度控导虽可更有效地控制主流摆动，但也导致其形态更弯曲，且上下游控导工程间过渡段易形成微小弯道；受不利水沙条件影响，可再次诱发畸形河湾发育。增大当地河势演变的复杂性和随机性。

4.4.3　河床阻力特征

4.4.3.1　沙波微结构及迁移

分别观测释放流量后局部河段 2h、8h、24h 微地貌特征，继而获得各时刻微地貌，提取沙波形态等参数，对比讨论浅水条件下沙波尺度、沙波迁移以及对河道演变的影响，见图 4-28。

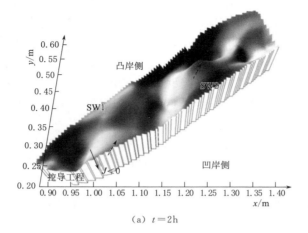

（a）$t=2h$

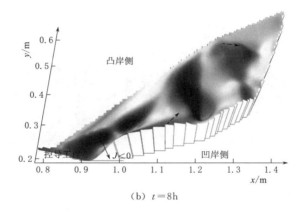

（b）$t=8h$

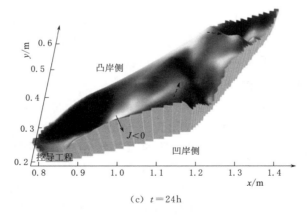

（c）$t=24h$

图 4-28　沙波发育及迁移特征

$t=2\mathrm{h}$ 时，控导工程下游（$1.0\sim1.3\mathrm{m}$）发育两个尺度较大沙波，当地河床形成倒比降。对比两个沙波形态，较靠近上游工程沙波（SW1）凹岸侧高，凸岸侧低。其下游沙波（SW2）则是凸岸侧高，凹岸侧低。沙波形态呈非对称，并不规则。

$t=8\mathrm{h}$ 时，河床倒比降程度进一步趋陡。沙波整体明显顺水流方向向下游迁移（$1.2\sim1.4\mathrm{m}$）。沙波结构保持相似，SW1 凹岸侧高于凸岸侧，SW2 则呈现相反趋势。

$t=24\mathrm{h}$ 时，冲刷范围及倒比降程度达到最大。沙波整体仍持续顺水流向下游迁移（纵轴，$0.5\sim0.7\mathrm{m}$）。沙波结构保持仍保持相似，SW1 凹岸侧高于凸岸侧，SW2 则呈现相反的趋势。

更直观地理解沙波演变及迁移，进一步对比水槽试验条件下，不同演变时刻冲刷坑下游沙波 3D 结构，见图 4-29。

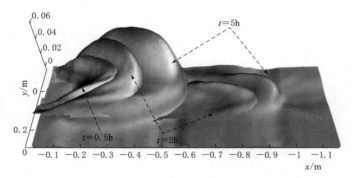

图 4-29　丁坝局部冲刷坑下游沙波演变特征

局部冲刷初期，丁坝下游仅存在单个沙波。随时间演变，沙波向下游迁移。至 $t=2\mathrm{h}$，上游沙波持续向下游迁移的同时，下游沙波产生，并共同向下游迁移。至 $t=5\mathrm{h}$，上游、下游两个沙波均发育，并持续向下游演进。整个演变过程沙波形态均呈现非对称特征。

4.4.3.2　河床阻力重分配

据《2019 年黄河下游河道排洪能力分析报告》[96]，2018 年汛期，第 1 场洪水期间郭庄以上绝大部分河段的同流量水位是下降的。河道冲淤和水位变化之间似乎有"矛盾"。但冲淤只是影响水位变化的因素之一，而不是全部因素。通过对黄河下游花园口水文站附近沙波进行观测，发现沙浪起伏很大，达到了 4m。而小浪底水库排沙后（7 月 24 日），沙浪的起伏最大为 1.5m，和之前相比大大减小。床面变得平整，从而使主槽对水流的阻力显著减小，流速显著提高。即沙波是造成淤积和水位下降不一致的重要因素之一，其背后是河床阻力的突变。

实测沙波尺度见图 4-30。

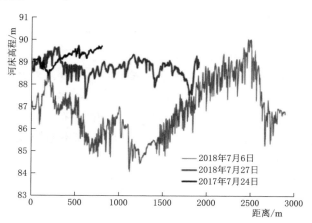

图 4-30 2018 年 7 月排沙期间花园口河段沙波形态[101]

有学者讨论了透水丁坝下游坝后淤积体，横向宽度和纵向长度随丁坝挑角变化规律[118]。但不同水动力及泥沙条件，沙波发育显著差异。如王晓旭[119] 分析了轻质沙在不同粒径、容重（$D_{50} = 0.22\text{mm}$，$\gamma_s = 1.14\text{t/m}^3$）及水流条件等因素影响沙波尺度特征。万强等通过河工模型试验，研究小水、洪水条件下沙波形态，并获得了大量沙波形态参数[120]。

在上述试验基础上，统计沙波形态参数，其相关关系见图 4-31。除试验资料外，图中部分沙波形态资料参考已有研究成果[119-121]。

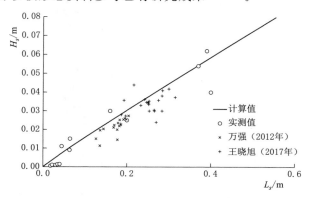

图 4-31 沙波波长与波高相对关系

从图 4-31 中可看出，丁坝下游大尺度沙波波长与波高参数关系趋势与已有研究成果一致。因丁坝下游存在大范围回流区域，特殊的水动力环境造成了沙波尺度发育大，沙波与波长的参数显著偏大。

根据趋势，可近似采用式（4.8）描述：

$$H_s = 0.14 L_s^{0.95} \qquad\qquad (4.8)$$

式中：H_s、L_s 分别为沙波波高、波长。

据记载，黄河下游曾出现超高阻力及超低阻力现象，究其因是不同尺度床面形态的具体表现。超高阻力时，糙率系数可大于 0.03；超低阻力时，糙率系数甚至小于平直光滑的玻璃水槽。水流阻力小，输沙能力强；床面形态为沙垄时，水流阻力大，输沙能力弱[122-124]。黄河下游河床不断粗化，床沙中值粒径 D_{50} 一般增大 1～2 倍[125]。

经对实测及试验观测数据分析，控导工程局部冲刷诱发的大尺度沙波影响当地河床阻力，最大增加约 1.5 倍。

4.4.4　控导工程影响主槽与平面形态验证

分别统计游荡型、控导等阶段试验成果，通过套绘横断面及纵向剖面形态，讨论河槽形态与平面形态特征，计算河相关系系数。部分大断面形态见图 4-32。

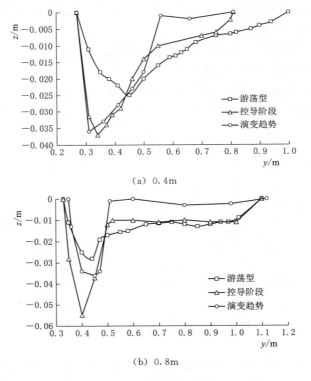

（a）0.4m

（b）0.8m

图 4-32（一）　各工况河道断面套绘

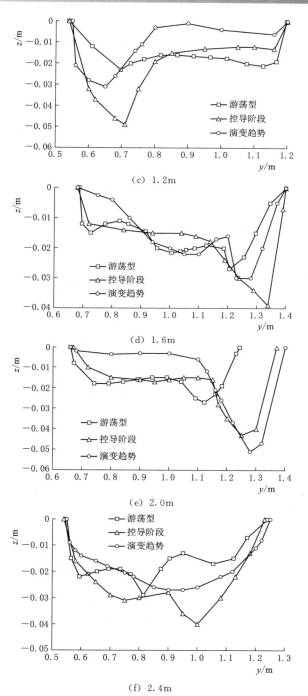

（c）1.2m

（d）1.6m

（e）2.0m

（f）2.4m

图 4-32（二）　各工况河道断面套绘

相应的，各工况河床深泓线套绘见图 4-33。

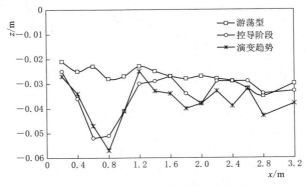

图 4-33　典型工况河床深泓线套绘

统计各工况主槽形态与平面形态参数，如河宽、水深、最大水深及弯道半径。其中最大水深数据取自 3 处凹岸处，其位置分别标记为 0.6m 处、2.0m 处及 2.8m 处。最大水深分别取 0.4～0.8m、1.8～2.2m、2.8～3m 区间所有断面的最大值，见图 4-22。弯道半径与最大水深关系见图 4-34。

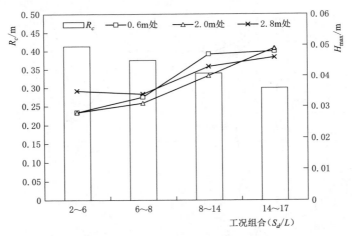

图 4-34　工程控导弯道半径与最大水深

可以看出，受工程控导，并随着工程量的增加，最大水深渐增，而弯道半径递减。这一特征同第 3 章所讨论基本规律一致。

4.5　本章小结

通过水槽及概化物理模型试验，模拟了控导工程影响主槽形态与平面形态弯曲演变过程，系列试验表明：

（1）验证了小水、低含沙条件下，主槽形态变形特征。模拟了控导工程约束河道平面形态逐渐接近设计弯曲形态的演变过程。

（2）物理模拟试验观测表明，受控导工程影响，最大水深渐增，河宽略减，弯道半径递减，断面形态趋窄深，河相关系系数为 15 左右。物理模拟试验结果同实测资料分析结论一致。

（3）试验验证了正挑及下挑丁坝局部冲刷坑纵向与垂向演变速率呈现同步演变特征。随两丁坝间距增大，下游丁坝局部冲刷依次呈现冲刷减弱、冲刷加剧及冲刷同步特征。

（4）控导工程微地貌表明，沙波迁移过程中其几何结构保持相似，但也存在差异，上游沙波凹岸侧高，下游沙波凸岸侧高，呈非对称特征。这一特征增大了当地水流流态复杂性，继而造成河势演变复杂性和随机性。

（5）模拟试验还表明。随着控导工程量的进一步增加，过度控导虽可更有效的控制主流摆动，但也导致其形态更弯曲，且上下游控导工程间过渡段易诱发微小弯道，不利于当地河势稳定。

第5章 工程控导弯道流路方程及水流能耗率

5.1 引言

黄河下游布设了大量的控导工程用以控导河势按设计流路演变。由此产生两个新问题：一是工程控导弯道流路方程如何精确描述；二是控导工程对能量分布的影响以及演变稳定性等。流路方程也是讨论水流能量分布的前提和基础。在总结前述讨论成果基础上，本节通过理论分析推导并验证工程控导流路方程，采用物理和数值模手段讨论工程控导弯道水流能耗率以及演变相对稳定阈值条件。

5.2 工程控导弯道平面形态典型特征

为便于对比并详细描述控导工程对弯道形态演变影响，参考第2章部分内容，选取黑夹河段内某控导工程为例进行解释及说明。因此河段内顺河街控导工程始建于2003年，建成时间略晚，工程建设前后历年卫星遥感图像资料较丰富（见图5-1），控导工程对弯道形态演变的影响较为典型，可对比性强，可作为讨论对象。

仍采用2.4.1节中河道主流线套绘方式，在二维坐标平面内，设定比例尺，按时间序列顺序套绘，见图5-2。

从图5-2中可看出，受控导工程影响，凸岸沙波明显向下游迁移。仅从本工程附近沙波迁移速度看，接近每年约50m。另外，2003—2018年，该弯道的弯顶持续向下游偏斜约8°。沙波迁移影响河势上提或下移以及弯顶偏斜程度改变。对比工程建设前后，主流线的弯曲系数更大，形态趋于更弯曲。同时从弯道形态特征参数看，偏斜方向更偏向下游，丰盈程度也明显发生了改变。

基于上述，从遥感图像中提取相关参数，进一步再分别从以下几个方面详细讨论工程控导弯道的典型特征。

5.2.1 偏斜度特征

受弯道环流影响，理论上弯道凸岸沙波在弯顶处沉积。但随着水沙条件或边界条件的改变，沉积位置发生改变。如第 4 章讨论成果，受控导工程影响，弯道环流更靠近凸岸，流动分离区范围略向下游偏移。从图 5-2 中也可清晰地看出这一特征。由此认为，对于工程控导弯道，凸岸沙波沉积位置也影响弯道形态偏斜的演变，或可间接反映其形态向上、下游偏斜特征。通过统计弯顶沙波沉积位置信息间接反映弯道形态偏斜特征。

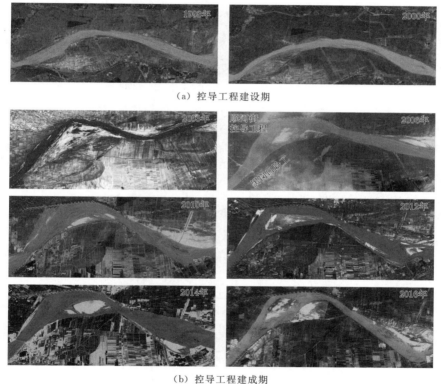

（a）控导工程建设期

（b）控导工程建成期

图 5-1　顺河街控导工程局部河段遥感图像

因黄河下游均布置了控导工程，河道的自然演变条件被改变，因此选取南美洲多沙河流贝尔梅霍河（Bermejo River）为对象，其上中游河段与黄河下游极其相似。基于卫星遥感图形，分别统计并对比两条河当时状态下沙波在凸岸弯顶及其上下游位置信息，见图 5-3（a）。图中 U_p、M_i、D_o 分别是指沙波位于凸岸上游、弯顶以及凸岸下游。统计各位置沙波数量占统计总沙波数量的比值，按百分比计入，以对比并验证。

　　自然弯曲河流（以贝尔梅霍河为例），60％的沙波在弯顶沉积，约30％的沙波在弯顶下游沉积；黄河下游工程控导弯道约10％的沙波在弯顶沉积，约65％的沙波在弯顶下游沉积；沉积位置差异较显著。沙波位置信息间接反映了弯道形态偏斜特征。与自然条件相比，控导工程改变了弯道形态偏斜程度，弯顶更偏向下游。

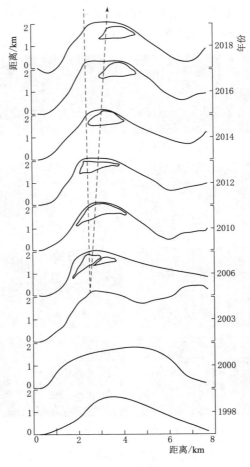

图 5-2　沙波迁移特征

5.2.2　弯曲度及丰盈度特征

　　根据主流线曲率分布计算方法获取弯道半径，并统计图5-3中主流线长度和跨度等参数，分别计算弯道弯曲系数、丰盈度系数，见图5-4。

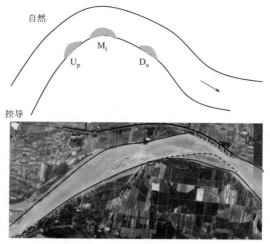

（a）自然及工程控导弯道凸岸沙波沉积位置示意图

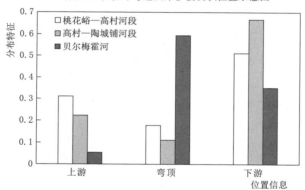

（b）凸岸沙波沉积位置统计特征

图 5-3　弯道凸岸沙波位置统计特征

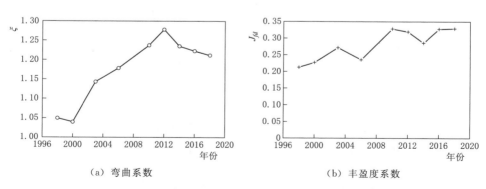

（a）弯曲系数　　　　　　　　　　（b）丰盈度系数

图 5-4　工程控导弯道弯曲系数及丰盈度系数演变趋势

可以看出，工程控导弯道的弯曲系数缓慢递增，由 1.05 逐渐增至 1.25 左右。丰盈度系数由 0.2 增大至约 0.35，并趋于稳定；这一特征同 3.2.2 节讨论结果基本一致。

综上所述，工程边界改变了弯道内水流与岸线相互作用规律。与自然条件相比，工程控导弯道具有典型的特征，其形态更趋于弯曲，弯顶偏向下游，丰盈度增大并趋于稳定。控导工程影响弯道弯曲形态演变，但目前并没有合适的弯道流路方程以精确描述工程控导弯道弯曲形态特征。

5.3　工程控导弯道流路方程

5.3.1　自然弯曲演变基本理论

第 2 章虽提出了主流线曲率计算方法，对相关的研究提供了极大的支撑。但该方法也存在一定缺陷。如描述黄河下游花夹河段畸形河势主流线曲率分布时，无法计算典型的 S 形或 Ω 形主流线曲率。究其原因，在直角坐标系下，主流线的一个自变量值有时对应若干应变量，导致计算主流线的曲率分布引起新的困难。但同时也应注意到，主流线是光滑且可微的。若曲线上曲率不等于零的点完全确定与之对应的切向量和法向量，不受曲线定向参数变换影响。那么在 Frenet 标架下，以 (s,n) 表示，各类主流线均存在一个自变量对应唯一一个应变量，通过坐标变换从而使得这一问题得到解决。两类坐标见图 5-5。

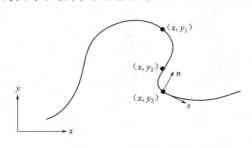

图 5-5　两类坐标系示意

两坐标系之间存在换算关系，有学者给出了具体换算关系式[25]：

$$x = x_0 + \Delta x = x_0 - n \frac{\mathrm{d}y_0}{\mathrm{d}s} \tag{5.1}$$

$$y = y_0 + \Delta y = y_0 - n \frac{\mathrm{d}x_0}{\mathrm{d}s} \tag{5.2}$$

基于直角坐标系下的 N-S 方程，经过坐标换算后，可得到 (s,n) 坐标系下，无量纲的水流连续方程[126]：

$$\frac{1}{1-N} \frac{\partial u_s}{\partial_s} - \frac{u_n}{(1-N)R} + \frac{\partial u_n}{\partial n} = 0 \tag{5.3}$$

$$\frac{\partial u_s}{\partial_t} - \frac{u_s}{(1-N)R} \frac{\partial u_s}{\partial s} + u_n \frac{\partial u_s}{\partial n} - \frac{u_n u_s}{(1-N)R}$$

$$= f_s - \frac{1}{\rho(1-N)} \frac{\partial p}{\partial s} + \frac{2}{\rho(1-N)} \frac{\partial}{\partial s}\left[\mu\left(\frac{1}{1-N} \frac{\partial u_s}{\partial s} - \frac{u_n}{(1-N)R}\right)\right]$$

$$+ \frac{1}{\rho} \frac{\partial}{\partial_n}\left[\mu\left(\frac{1}{1-N} \frac{\partial u_n}{\partial s} + \frac{\partial u_s}{\partial s} + \frac{u_s}{(1-N)R}\right)\right]$$

$$- \frac{2\mu}{(1-N)\rho R}\left[\frac{1}{1-N} \frac{\partial u_s}{\partial s} + \frac{\partial u_s}{\partial_n} + \frac{u_n}{(1-N)R}\right] \tag{5.4}$$

$$\frac{\partial u_n}{\partial_t} + \frac{u_s}{(1-N)} \frac{\partial u_n}{\partial s} + u_n \frac{\partial u_n}{\partial n} + \frac{u_s^2}{(1-N)R}$$

$$= f_n - \frac{1}{\rho} \frac{\partial p}{\partial n} + \frac{1}{\rho(1-N)} \frac{\partial}{\partial s}\left[\mu\left(\frac{1}{1-N} \frac{\partial u_n}{\partial s} + \frac{\partial u_s}{\partial n} + \frac{u_s}{(1-N)R}\right)\right]$$

$$+ \frac{1}{\rho} \frac{\partial}{\partial_n}\left[2\mu\left(\frac{\partial u_n}{\partial n}\right)\right] + \frac{2\mu}{(1-N)\rho R}\left[\frac{1}{1-N} \frac{\partial u_s}{\partial s} - \frac{\partial u_n}{\partial_n} - \frac{u_n}{(1-N)R}\right] \tag{5.5}$$

　　自然弯曲河道中水流流态转化和能量分布影响河床形态的发展与演化，如二次环流的产生。弯曲河流流动性可以看作是顺直河段流动基本项，弯曲河段流动特征项，并给出了具体方程[126]：

$$\begin{vmatrix} u_s \\ u_n \\ p \end{vmatrix} = \begin{vmatrix} \bar{u}_s \\ \bar{u}_n \\ \bar{p} \end{vmatrix} + \begin{vmatrix} u_{s\frac{1}{R}} \\ u_{n\frac{1}{R}} \\ p_{\frac{1}{R}} \end{vmatrix} \tag{5.6}$$

　　式（5.6）中等号右边第一项是顺直河道基本项，第二项为弯道内涡的流动产生扰动项，或弯曲流动基本项。式（5.6）表明与顺直河流的流动稳定性相比，受弯道曲率的影响，弯道内部的流动更易诱发失稳。

　　自然条件下，正弦派生曲线描述了常曲率河道边界为波形边界，基本项是因边界摆动引起的波动量，这种波动量对于内部水流结构稳定性有较大影响。稳定性及扰动增长特征属于 Lyapunov 问题的范畴，在式（5.6）第二项的基础上，通过摄动分析，分解扰动谐波的形式，并改写如下式[25]：

$$\in_R \begin{vmatrix} u_{sR}(s,n,t) \\ u_{nR}(s,n,t) \\ p_R(s,n,t) \end{vmatrix} = \begin{vmatrix} \bar{u}_{sT(n)} \\ \bar{u}_{nT(n)} \\ \bar{p}_{sT(n)} \end{vmatrix} \exp\left[i(a_R s - \varepsilon_R t)\right] \tag{5.7}$$

式中：ε_R 为扰动项；a_R 为实数部；$[\bar{u}_{sT(n)}, \bar{u}_{nT(n)}, \bar{p}_{sT(n)}]$ 为扰动行进波的形状函数。

合并式（5.6）及式（5.7），即可得到自然弯道流动稳定方程式：

$$\begin{vmatrix} u_s \\ u_n \\ p \end{vmatrix} = \begin{vmatrix} \bar{u}_s \\ \bar{u}_n \\ \bar{p} \end{vmatrix} + \begin{vmatrix} u_{sR} \\ u_{nR} \\ p_R \end{vmatrix} + \begin{vmatrix} \bar{u}_{sT(n)} \\ \bar{u}_{nT(n)} \\ \bar{p}_{sT(n)} \end{vmatrix} \exp\left[i(a_R s - \varepsilon_R t)\right] \tag{5.8}$$

方程等式右侧第一项为基本项，第二项为弯曲流动项，第三项为弯曲流动扰动项。

弯道演变是水流与床面相互耦合作用的结果。在（s，n）坐标下，有学者进一步给出了泥沙连续性方程，沿流向以及横向的泥沙输沙率方程式[10]：

$$\frac{\partial z}{\partial t} + \frac{Q_0}{(1+n)R}\left\{\frac{\partial_{q_s}}{\partial s} + \frac{\partial}{\partial n}\left[(1+nC)q_n\right]\right\} = 0 \tag{5.9}$$

$$q_s = q_s(u)^a \tag{5.10}$$

$$\frac{q_n}{q_s} + \frac{\dot{v}}{u} + \frac{v(0)}{uT(0)} - \frac{\beta}{\gamma}\frac{\partial z}{\partial n} \tag{5.11}$$

式中：z 为地形高程；q_s 及 q_n 为（s，n）坐标下的单宽输沙率；a、β 为经验系数。

联立水流连续方程、弯道流动稳定方程及泥沙连续性方程，则最终可得到自然条件下弯道蜿蜒演变方程，毫无疑问该方程极其复杂。

若弯道蜿蜒演变方程转化为水流与地形耦合演变方程从而可使问题得以简化，甚至是获得方程解析解。有学者指出，水沙相互作用耦合的结果包括点沙波和自由沙波演变，其中点沙波与曲率有关而自由沙波与曲率无关[127-128,10]。将其简化，通过求解一阶水流与床面作用的控制方程，将床面地形分解成两部分，即由床面不稳定引起的自由沙波（F 问题）和弯曲引起的点沙波（C 问题），则自然弯道形态演变即为两者的叠加，其数学表达式[127,10]：

$$\eta = \eta_f + \eta_c \tag{5.12}$$

等式右侧第一项代表了主流线（水流动力轴线）曲率无关自由沙波影响项，第二项代表了与主流线曲率相关的点沙波迁移影响项。在此基础上，进一步发展了基于一阶流速、水深和床面地形等多参数，自然弯道演变的线性理论解。

5.3.2　工程控导弯道流路方程推导

5.3.2.1　方程的基本形式

与自然条件下弯道形态演变对比，对于黄河下游工程控导弯道而言，其形态演变过程还应叠加控导工程扰动项。究其原因，在自然条件下，水沙与岸线相互作用通过影响河道岸线侵蚀继而影响其平面形态演变速率。但工程控导弯道其边界条件显著影响岸线侵蚀速率，继而影响形态弯曲演变，如刚性边界导致凹岸侵蚀速率为 0。工程控导弯道岸线侵蚀速率采用如下表达式：

$$\xi = e^{-k(Z_i - Z_d)} EU \tag{5.13}$$

式中：Z_i 为地形高程；Z_d 为控导工程顶高程；k 为系数；E 为侵蚀模度；U 为近岸流速。

考虑两个极端情况，当 $Z_i < Z_d$，右侧第一项 $e^{+\infty}$，即其值趋于 0，表明控导工程刚性边界使得控导区域岸线侵蚀速率为 0。当 $Z_i = Z_d$，右侧第一项其值趋于 1，等同于自然条件下岸线侵蚀计算式。也即地形高程淹没控导工程，控导工程刚性边界作用消失，恢复自然演变状态。

控导工程约束一侧岸线侵蚀速率发生改变的同时，也必然导致另一侧岸线的演变发生改变。其结果导致弯道曲率不仅与弯道内自由沙波有关，也与点沙波有关。又如前述表明控导工程通过影响弯道内水沙与岸线作用规律，使弯曲形态的丰盈度增加；沙波迁移迫使弯道形态偏斜向下游。也就是说，对于工程控导弯道自由沙波与点沙波均影响弯道形态。自由沙波影响弯曲形态的丰盈程度，点沙波影响弯曲形态的偏斜程度。

假定控导工程扰动弯曲流动仍同为波状函数。类比并参考式（5.8），等式右侧第三项改写为 $[\bar{u}_{sT(n)}, \bar{u}_{nT(n)}, \bar{p}_{sT(n)}] \exp[i(a_R s - \varepsilon_R t)]$。经修正后，则可得到控导工程扰动弯曲流动稳定方程的线性表达式：

$$\eta_d = [\bar{u}_s, \bar{u}_n, \bar{p}] + [u_{sR}, u_{nR}, p_R] +$$
$$[\bar{u}_{sTd(n)}, \bar{u}_{nTd(n)}, \bar{p}_{sTd(n)}] \exp[i(a_R s - \varepsilon_R t)] \tag{5.14}$$

式中：η_d 为控导工程扰动弯曲流动项函数符号；等式右侧第一项为基本项，第二项为弯曲流动性，第三项为控导工程扰动弯曲流动项；其他符号意义同前。

在自然条件下，水沙耦合分解为自由沙波和点沙波两者叠加的一阶解析解[127]。相较而言，工程控导弯道的自由沙波及点沙波均影响弯道形态曲率，即两者均与弯曲曲率密切相关。因此，类比自然条件下一阶水流与床面作用的控制方程的简化方式，将工程控导弯道形态改写如下：

$$\eta_d = \eta_{fd} + \eta_{cd} \tag{5.15}$$

此式表明，黄河下游游荡河段工程控导弯道其形态不仅与水沙条件有关，也受控导工程影响，即自由沙波与点沙波均影响弯道曲率。

5.3.2.2　方程的简化与推导

对于工程控导弯道，自由沙波影响主流线曲率。如弧长 ΔM、半径 ΔR 及中心角 $\Delta \omega$ 等几何参量改变了弯道形态丰盈程度。假定在其影响下，主流线形态仍可近似采用正弦派生曲线[10] 进行描述，则曲线方程式为

$$\eta_{fd} = \omega \sin\left(\frac{2\pi s}{M}\right) \tag{5.16}$$

式中：M 为曲线波长；ω 为弯道中心角；s 为弧长。

工程控导弯道的自由沙波影响弯道形态丰盈度，点沙波影响弯道形态偏斜度。因此，把式（5.16）代入式（5.15），则可得到工程控导弯道流路方程表达式：

$$\eta_d = \omega \sin\left(\frac{2\pi s}{M}\right) + \mathrm{e}^{-J_d\omega\sin\left(\frac{2\pi s}{M}\right)} \tag{5.17}$$

表明对于工程控导弯道其丰盈度、偏斜度均发生了改变。本书以 J_d 为控导工程影响综合因子。若 $J_d = 0$，则等式右端第二项为定量，可忽略，其仍近似等于自然条件下弯道曲线形态表达式。趋于无穷大时，第二项消失。表明了工程控导弯道形态是以自然弯道形态为基础，通过工程手段改变岸线侵蚀速率，驱使沙波演化，继而改变平面形态丰盈度、偏斜度缓慢演变。

对等式右侧第二项根据欧拉公式进行展开，可得到：

$$\eta_d = \omega \sin\frac{2\pi s}{M} + J_d\left[\omega\cos\left(\frac{2\pi s}{M}\right) - i\omega\sin\left(\frac{2\pi s}{M}\right)\right] \tag{5.18}$$

鉴于实际工程问题，不考虑虚部影响。参考 Kinoshita 型曲线方程式，将式（5.18）改写为如下形式：

$$\eta_d = \omega\sin\left(\frac{2\pi s}{M}\right) - J_d\left[\omega^3\cos\left(n\,\frac{2\pi s}{M}\right) + \omega^3\sin\left(n\,\frac{2\pi s}{M}\right)\right] \tag{5.19}$$

其中 $J_d = \dfrac{0.08\omega}{\mathrm{e}^{0.055\omega}}$

式（5.19）中等式右端第二项 n 为正整数。$n=1$ 时近似等于正弦派生曲线。$n \geq 4$，取偶数时其近似等同于式（1.1），即 Kinoshita 型曲线，描述自然条件下河流弯曲形态。$n \geq 3$，取奇数时则可用于精确描述工程控导弯道流路方程。式（5.19）采用 Matlab 程序计算主流线形态并转化为直角坐标系。分别选取不同 n 值对比分析各类弯曲形态区别特征并验证，见图 5-6。图中计算自然弯道形态取 $n=4$，计算工程控导弯道形态取 $n=3$。

根据式（5.19），再一步计算工程控导弯道不同形态参数的形态曲线，着重讨论工程控导弯道形态典型特征。各类参数主流线弯曲形态见图 5-7。

对比可看出，式（5.19）可精确描述并区别自然、工程控导弯道弯曲形态特征。

5.3.3　流路方程验证

5.3.3.1　物理模拟验证

根据物理模拟观测结果，随着控导工程量级增加，工程布设逐步完善，平面

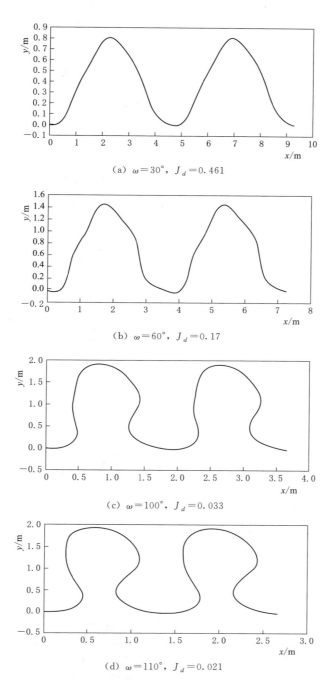

（a） $\omega = 30°$，$J_d = 0.461$

（b） $\omega = 60°$，$J_d = 0.17$

（c） $\omega = 100°$，$J_d = 0.033$

（d） $\omega = 110°$，$J_d = 0.021$

图 5-6　自然弯道典型弯曲形态

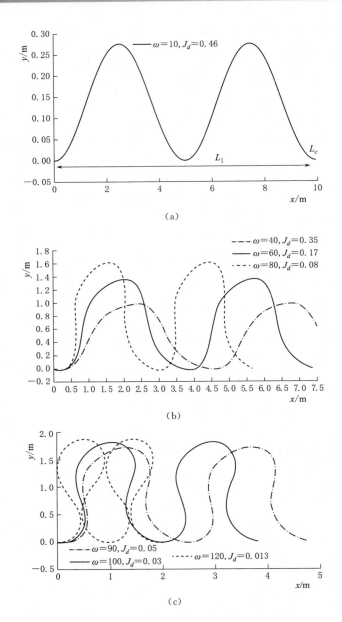

图 5 - 7　工程控导弯道典型弯曲形态

形态逐渐弯曲并接近设计弯曲形态。套绘控导各阶段弯曲形态与工程控导流路
方程计算曲线，以此验证上述流路方程的适用性。各阶段流路方程曲线与河势
主流线套绘见图 5 - 8。

（a）控导阶段（$S_d/L=14$）

（b）趋势预测（$S_d/L=17$）

图 5-8　试验河势主流线与流路方程曲线套绘

可看出，河势主流线与形态曲线吻合程度较好。物理模型试验较好地模拟了工程控导弯道弯曲形态演变过程。此流路方程用以讨论工程控导弯道形态较合理，精确程度高，且具有普适性。

5.3.3.2　黑夹河段主流线验证

参考 3.2 节主流线历史演变相关内容，分别选取 2003 年及 2012 年主流线为验证对象，从各主流线截取一段，并重新设定坐标，提取主流线（x，y）坐标，坐标标定及选取范围见图 5-9。图中（x，y）为坐标原点。

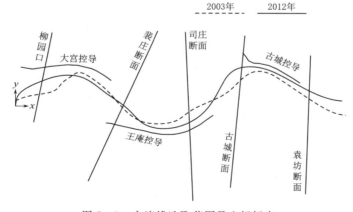

图 5-9　主流线选取范围及坐标标定

对提取的主流线坐标进行处理，如坐标变换、平移及缩放。提取主流线坐标与相应形态参数下流路方程计算主流线进行套绘，进而验证，见图 5-10。

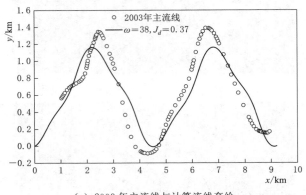

（a）2003 年主流线与计算流线套绘

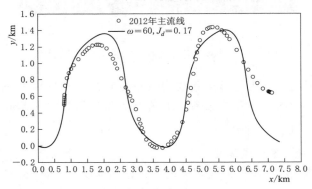

（b）2012 年主流线与计算流线套绘

图 5-10　方程计算曲线与河势主流线套绘

可看出，通过改变流路方程形态参数，均可较好地拟合工程控导下弯道形态特征。

物理模拟试验主流线、黑夹河段历年主流线分别与流路方程曲线套绘表明，此流路方程对于黄河下游工程控导弯道形态的精确描述是合理的，具有普适性。

5.3.4　工程控导弯道弯曲程度分类

为便于与提出的流路方程弯曲程度对比，统计图 5-7 各典型曲线两端点跨度与曲线长度，计算弯曲系数并建立与形态参数相应关系，见表 5.1。

从表 5.1 可看出，随着弯道中心角及修正参数的增大，弯道趋弯曲。对比设计工况，认为弯曲系数 $\xi=1.05\sim1.2$ 为设计（对称）弯曲形态，其更接近设计主流线（$\xi \leqslant 1.3$）。$\xi = 1.2 \sim 2.0$ 为工程控导弯曲形态，其更接近控导弯曲主流线。$\xi = 2 \sim 5$ 为畸形弯曲形态，或高度弯曲，$\xi > 5$ 接近牛轭湖。

表 5.1 　　　　　　　　不同形态参数曲线与弯曲系数对照表

形态参数	直线长度 L_1 /m	曲线长度 L_c /m	弯曲系数 $\xi = L_c / L_1$	形态分类
$\omega = 30°$, $J_d = 0.46$	9.26	10.0	1.08	对称弯曲
$\omega = 40°$, $J_d = 0.35$	7.2	8.14	1.13	对称弯曲
$\omega = 60°$, $J_d = 0.17$	7.0	9.41	1.34	工程控导弯曲
$\omega = 80°$, $J_d = 0.08$	5.31	9.38	1.77	工程控导弯曲
$\omega = 90°$, $J_d = 0.05$	4.67	9.77	2.09	畸形（高度）弯曲
$\omega = 100°$, $J_d = 0.03$	3.64	9.67	2.66	畸形（高度）弯曲
$\omega = 120°$, $J_d = 0.013$	1.88	9.88	5.26	牛轭湖

因此，图 5-7 中曲线形态依次将工程控导弯道划分为设计主流线（对称弯曲）、控导弯曲主流线、畸形（过度或高度）弯曲主流线。

进一步对上述各弯曲形态进行曲率计算，并绘制曲率分布图，见图 5-11。整个计算过程通过 Matlab 计算程序实现。

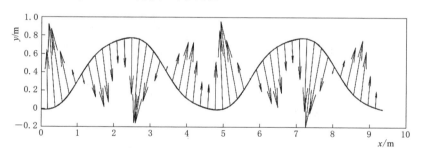

（a）对称弯曲主流线曲率分布（$\omega = 40°$，$J_d = 0.35$，$\xi = 1.13$）

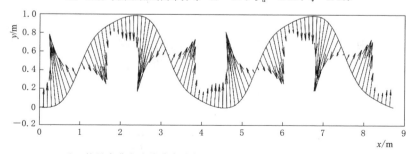

（b）控导弯曲主流线曲率分布（$\omega = 60°$，$J_d = 0.17$，$\xi = 1.34$）

图 5-11　曲线曲率分布特征

从曲率分布特征看，对称性微弯形态与设计弯曲形态的曲率分布特征相似。而控导弯曲形态与目前黄河下游河道弯曲形态相似。根据黄河下游河道遥感图像，三类典型形态见图 5－12。

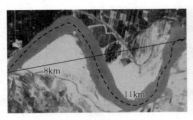 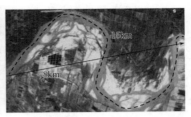

（a）对称性微弯形态（ξ＝1.3）　　　（b）控导弯曲形态（ξ＝1.8）

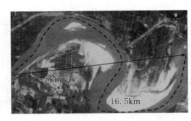

（c）畸形弯曲形态（ξ＝2.05）

图 5－12　黄河下游典型弯道形态遥感图像

综上所述，弯曲程度及分布相似性特征均表明，本书所提出的流路方程可精确描述工程控导条件下黄河下游河道弯曲形态特征。

5.4　控导工程边界水流结构特征

5.4.1　水流结构数值模拟

5.4.1.1　控制方程

不可压缩黏性各向同性流体控制方程包括连续方程和动量方程（N－S 方程），在笛卡尔坐标系下，方程的表达式[129]如下：

$$\frac{\partial u}{\partial x}+\frac{\partial v}{\partial y}+\frac{\partial w}{\partial z}=0 \tag{5.20}$$

$$F_x-\frac{1}{\rho}\frac{\partial p}{\partial x}+\frac{\mu}{\rho}\nabla^2 u=\frac{Du}{Dt} \tag{5.21}$$

$$F_y-\frac{1}{\rho}\frac{\partial p}{\partial y}+\frac{\mu}{\rho}\nabla^2 v=\frac{Dv}{Dt} \tag{5.22}$$

$$F_z - \frac{1}{\rho}\frac{\partial p}{\partial z} + \frac{\mu}{\rho}\nabla^2 w = \frac{Dw}{Dt} \qquad (5.23)$$

式中：u，v，w 分别为三个坐标方向上的流速瞬时分量；F_x，F_y，F_z 分别为质量力在三个坐标方向上的分量；ρ 为液体密度；t 为时间；p 为液体压强；μ 为液体运动黏滞性系数。

由于紊流非线性程度高、影响因子众多，目前难以获得紊流方程解，紊流方程解析解从严格意义上并不存在。为实现对紊流的数值模拟，常采用两类简化或近似处理手段。分别为基于雷诺平均的 N - S 方程（RANS）和大涡模拟（LES）。本节紊流模型选用后者。

在大涡模拟中，紊流被分为大尺度涡和小尺度涡。其中前者认为动量、质量和能量的输运主要体现在大尺度涡上，而小尺度涡则认为各项同性。因此两者的计算可以分离开。通过对 N - S 方程波数空间及物理空间的过滤，剔除小于过滤宽度或者给定物理宽度的涡。LES 的控制方程[129-130] 如下：

$$\frac{\partial \overline{V_i}}{\partial x} = 0 \qquad (5.24)$$

$$\frac{\partial}{\partial x}(\rho \overline{V_i}) + \frac{\partial}{\partial x_j}(\rho \overline{V_i}\,\overline{V_j}) = \frac{\partial}{\partial x_j}\left(V\frac{\partial \overline{V_i}}{\partial x_j}\right) - \frac{\partial \bar{p}}{\partial x_j} - \frac{\partial \tau_{ij}}{\partial x_j} \qquad (5.25)$$

式中：$\overline{V_i}$ 为 u，v，w 的和速度；τ_{ij} 为切应力。

模拟具体步骤：根据试验边界条件建立几何模型；采用多面体网格进行划分，考虑到模拟的精确性，对局部区域网格进行加密；选择压强基求解器、隐式格式，求解时，压强与速度耦合，动量、紊动能和紊动能耗散率的离散格式均采用一阶迎风。计算区域进口条件为速度入口，出口边界条件为出口压力不变。根据 Prandtle 紊流混合长理论，计算得到黏性厚度并判别是否创建边界层[129-130]。

采用 Fluent 模拟进行数值模拟工作。选取前处理软件 Solid Works 处理实验地形点云数据，并结合 Auto CAD 及 Gambit 建立几何模型及生成网格。后处理根据数据接口，选取 EnSight 及 Tecpolt 计算软件。

5.4.1.2　工况设计

依据 5.4.1.1 节获得的弯道三维结构，模拟各类弯道形态水流结构特征。具体参数：净宽 0.16m，水深 $H=0.15$m，流速恒定为 0.3m/s，计算得 $Fr=0.24$。丁坝仍采用直墙型式，采用下挑（$\theta=30°$）式，等间距布置。丁坝长度与间距比值为 1：1。

弯道内，各弯顶均布置 1 组丁坝，共 3 组，每组丁坝个数保持一致。为便于对比，定义第 1 组工况为控导阶段，共 3 组丁坝，每组丁坝数量均为 2 个，即

$S_d/L=6$。定义第 2 组工况为多度控导，共 3 组丁坝，每组丁坝数量为 4 个，即 $S_d/L=12$。其中，丁坝长度与水面宽度的比值为 0.25。工况设计见表 5.2。

表 5.2　　　　　　　　　　数值模拟工况组合表

工 况	形 态 参 数	S_d/L	ξ
工况 1	$\omega=60°$，$J_d=0.17$	无工程	1.34
		6	
		12	
工况 2	$\omega=30°$，$J_d=0.46$	无工程	1.08
		12	
工况 3	$\omega=100°$，$J_d=0.03$	无工程	2.66
		12	

5.4.1.3　典型 3D 结构特征

以 $\omega=60°$，$J_d=0.17$，$\xi=1.34$ 弯曲形态为例，讨论工程控导条件下弯道典型结构特征。

根据第 4 章试验地形信息，获取典型工况深泓线坐标，即图 5-13 中的间断线。用此坐标与控导主流线坐标（$\omega=60°$，$J_d=0.17$）进行套绘，见图 5-13。

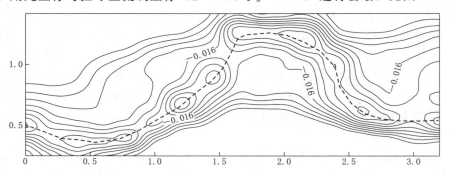

图 5-13　试验地形深泓线与控导主流线套绘

图 5-13 表明，物理模型试验主流线、深泓线与设计控导曲线基本接近。因此，可利用试验观测地形深泓点数据，计算并修正可得到相对规则的设计控导曲线点云二维坐标，并概化纵比降为 0.3‰。计算可得典型弯道点云数据。根据点云坐标，则可计算得到设计控导弯曲形态网格结构以及三维几何结构特征，见图 5-14。

对于其他工况，重复上述步骤亦可得到。

基于上述，数值模拟几何边界见图 5-15。

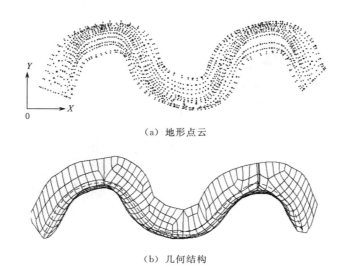

（a）地形点云

（b）几何结构

图 5-14　控导弯曲形态地形点云及几何结构

（a）$\omega=60°$，$J_d=0.17$，$\xi=1.34$　　　　（b）$\omega=100°$，$J_d=0.03$，$\xi=2.66$

图 5-15　典型弯曲形态数值模拟边界及工程布置

5.4.2　单丁坝水流结构验证

根据第 4 章水槽实验水流条件与几何边界条件，按上述内容进行单丁坝水流结构模拟工作，以验证计算手段合理性，为后续工程控导弯道水流数值模拟工作提供基础。模拟工作以丁坝局部冲刷终止时刻微地形为基础（见图 4-5），模拟边界见图 5-16。

具体参数同丁坝局部冲刷实验参数一致，不再赘述。其中丁坝上下游计算长度约为 $10H$。

5.4.2.1　流速分布验证

根据模拟计算结果，提取丁坝轴线断面流速并与第 4 章水槽实验同一断面流速分布相对比，研证模拟手段合理性。水槽实验与数值模拟计算结果流速分布特征见图 5-17。

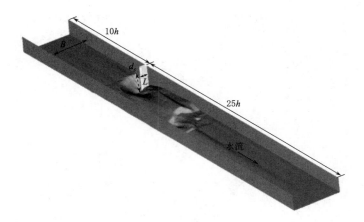

图 5 - 16   模拟范围及几何边界

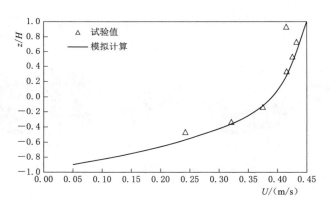

图 5 - 17   流速分布验证

可以看出，受丁坝挤压，过流断面减小，靠近丁坝坝头处流速最大，约 3 倍丁坝长度后逐渐恢复来流水平。相较而言，数值模型略大于实测值。从垂向分布看，实验值和模拟计算值较接近，近似呈现对数分布。

5.4.2.2   典型涡系分布

涡系分布研究方法有：通过输运方程从数学层面进行分析；输出漩涡结构图进行研究。如采用大涡模拟，可输出多尺度漩涡，为后续分析提供了可能性。学者分别提出了 Δ 准则、Q 准则及 λ 准则[131-132]。这三种判据均由速度梯度张量的各个不变量组合而成。在流场中，流场速度梯度张量 ΔV 的第二矩阵不变量 Q 具有正值的区域为漩涡[133]。

根据数值模拟成果，为更清晰地反映流场内漩涡结构，引入 Q 准则。其代表了流场中某点的变形和旋转，反映流场中一个流体微团旋转和变形之间一种平衡。需要强调的是，使用 Q 准则来识别漩涡流场中拟序结构，需人为给定截断阈值。当取值一定，可避免因阈值不同导致涡形态产生差异，从而缺乏客观性。根据模拟计算结果，取值为 0.1，提取涡管，并可视化，见图 5 - 18。

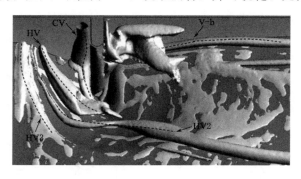

图 5 - 18 冲刷坑内典型涡流分布

丁坝附近存在复杂湍流结构，如卡门涡、马蹄涡。参照文献 [133] 对丁坝附近各涡流的讨论成果，对比讨论。从数值模拟结果看，丁坝上游靠近丁坝与几何边界区域存在竖轴漩涡（CV）。其逐渐由自由表面进入冲刷坑内部，直至丁坝坝头处，轴线由竖直转为水平。竖轴漩涡的存在使流体和动量从自由表面传递至马蹄涡系的核心。主涡（HV1）涡核最大，位于丁坝上游冲刷坑内。次之为 HV2，位于 HV1 上方，轴线与 HV1 接近平行，且呈现螺旋形，其产生明显受到冲刷坑地形遮蔽影响。除此之外，还有其他小型涡流，如 HV3。杨坪坪等[134] 又进一步指出，除主涡（HV1）外，其他涡均可称为次生马蹄涡，其中，主涡顺时针旋转，HV2 旋转方向与主涡相同，但 HV3 逆时针旋转。

丁坝下游也存在涡流结构。丁坝下游与几何边界区域，更靠近床面附近存在涡流结构（V-b）[135]，数值模拟结果同已有研究成果描述现象一致。

提取轴线断面流线，分布见图 5 - 19。可看出，冲刷坑内均存在形状类似、尺度不一的涡核。HV2 在主涡（HV1）上方更靠近床面位置。这一特征与涡流分布一致。

上述讨论表明，数学模型计算结果与实测数据基本吻合。

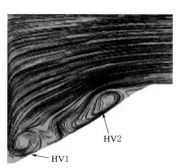

图 5 - 19 丁坝轴线断面
流线分布

5.4.3 控导弯曲流态水流结构

5.4.3.1 流态

根据数值模拟计算结果，提取流线（见图 5-20），对比讨论有无控导工程以及工程量级变化对弯道内流态影响。

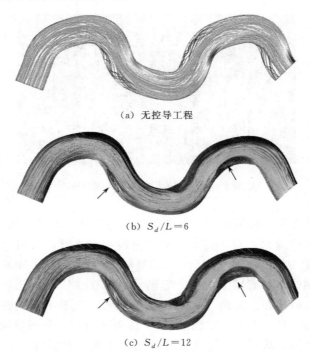

（a）无控导工程

（b）$S_d/L=6$

（c）$S_d/L=12$

图 5-20 控导弯曲形态流线（$\omega=60°$，$J_d=0.17$，$\xi=1.34$）

无控导工程工况下，弯道内流态较平顺。但边界曲率改变处流态略有变化，产生小尺度回流区。对比布置控导工程工况，受工程侵占过流断面面积，工程影响区域流速增大，导致弯道曲率对岸线影响显著增加，如原回流区域几何尺度显著增大。

随控导工程量级的增加，弯道内水流流态趋复杂。受工程遮挡影响，其下游局部河段产生大尺度回流区域。随着控导工程量级增多，不仅加大了局部水流紊动，也增大对过流断面侵占，导致回流区域范围进一步增大。

讨论表明，弯道内岸线冲淤演变特征与控导工程量级相关。随着工程量级增多，回流范围增大，回流区内流速锐减必然造成当地泥沙沉积，岸线冲淤演变。随着岸线冲淤演变，河道弯曲形态缓慢演变，这与试验观测现象一致。

5.4.3.2　湍流动能

基于流体动力基本理论，速度和压力均随时间和空间而变化。u、v 和 w 是某时刻三个方向的瞬时速度分量。$\bar{u}$、$\bar{v}$、$\bar{w}$ 是速度平均分量。u'、v'、w' 为速度沿水流方向在横向和垂直方向的分量。湍流动能（TKE）计算式为 $K=0.5(\overline{u'^2}+\overline{v'^2}+\overline{w'^2})$。根据模拟结果，采用无量纲参数 K/U^2 讨论弯道内湍流分布特征，见图 5-21。

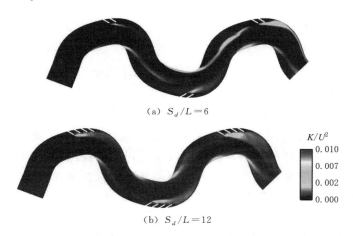

(a) $S_d/L=6$

K/U^2

0.010
0.007
0.002
0.000

(b) $S_d/L=12$

图 5-21　湍流动能分布特征（$\omega=60°$，$J_d=0.17$，$\xi=1.34$）

因无控导工程工况弯道内湍流分布较为均匀，仅讨论有控导工程工况。从湍流动能分布看，控导工程区域水流紊动程度明显增加。另外，随着控导工程增加，湍流动能分布范围、量级也显著增大，两者成正比关系。

5.4.3.3　河床切应力

湍流速度的波动部分可以用来量化雷诺应力，是流体中总应力张量。雷诺应力张量的分量分别被定义为

$$\begin{cases} \tau_{uv}=-\rho\bar{u}'\bar{v}' \\ \tau_{vw}=-\rho\bar{v}'\bar{w}' \\ \tau_{uw}=-\rho\bar{u}'\bar{w}' \end{cases} \qquad (5.26)$$

可得到河床切应力计算式[136-137]：

$$\tau_b=\sqrt{\tau_{bx}^2+\tau_{by}^2} \qquad (5.27)$$

其中　　　　　　　　$\tau_{bx}=\tau_{uv}+\tau_{uw}$；$\tau_{by}=\tau_{uv}+\tau_{vw}$

明渠均匀流条件下，水流切应力 $\tau_0=\rho g J_l h$，J_l 为水面纵比降，或称水力坡降。根据第 2 章花园口与夹河滩水位、距离等参数计算得到研究河段小浪底

131

水库运用后河床切应力调整过程。经计算得到研究河段水流切应力变化特征，见图 5-22。

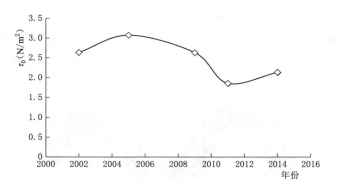

图 5-22　黄河下游花夹河段河床切应力

可看出，自水库运用初期，研究河段的水流切应力最大值约为 $3.2N/m^2$。随着水库调蓄，长期释放小水，研究河段水流切应力锐减约 $1.8N/m^2$，减少将近一半。近期，随着水库运用方式的改变，又缓慢调整增加到 $2.2N/m^2$。综合看，研究河段水流切应力略减，其均值约为 $2.5N/m^2$。

控导工程对水流扰动必然加大当地水流紊动，造成局部河段湍流应力增加。基于雷诺应力的河床剪应力是影响主槽冲淤的重要度量参数，因此更多采用雷诺应力计算河床切应力（见 1.2.3 节）。根据模拟实验结果，采用无量纲参数 τ_b/τ_0 讨论河床切应力分布特征，见图 5-23。

可以看出，受控导工程对水流的扰动及挤压，工程区域流体紊动强度增大，

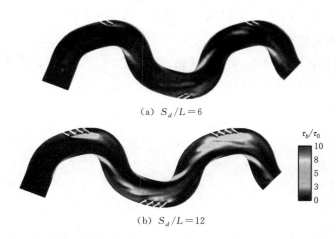

(a)　$S_d/L=6$

(b)　$S_d/L=12$

图 5-23　河床切应力分布特征（$\omega=60°$，$J_d=0.17$，$\xi=1.34$）

河床切应力相应增大。由此也必然导致控导工程区域河床变形加剧，局部冲刷产生。

5.4.4 其他弯曲形态水流结构

除上述工况外，再分别模拟其他两类弯曲形态水流结构特征（见表5.2，工况2和工况3）。因水流结构、湍流分布特征同工况1具有相似性，对流态进行简要分析，其他参数不再一一赘述。

5.4.4.1 设计弯曲形态

本工况为对称弯曲形态，有无控导工程条件下，流态特征见图5-24。

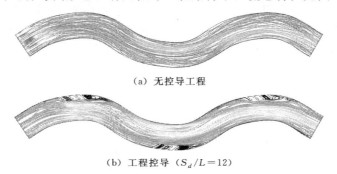

（a）无控导工程

（b）工程控导（$S_d/L=12$）

图5-24 对称弯曲形态流线（$\omega=30°$，$J_d=0.46$，$\xi=1.08$）

可以看出，无控导工程工况时，弯道内流态较为平顺。布置控导工程后，因增大工程断面流速，弯道内水流惯性增大，导致凸岸下游产生回流区。

控导工程下游回流区明显受到弯道曲率的制约。

5.4.4.2 畸形弯曲形态

本工况为畸形弯曲形态水流结构。有无控导工程条件下，水流结构见图5-25。

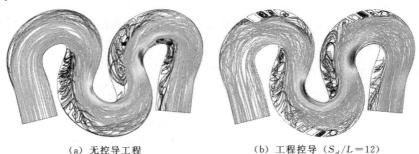

（a）无控导工程 （b）工程控导（$S_d/L=12$）

图5-25 畸形弯曲形态流线（$\omega=100°$，$J_d=0.03$，$\xi=2.66$）

133

　　无控导工程条件下，因弯曲曲率过大，凸岸下游存在大范围回流区域。同上述其他工况类似，布置控导工程后，其流态略复杂，且凸岸下游回流区域范围更大。值得注意的是，上游控导工程引起的回流范围影响了下游其他控导工程。

　　对比三个工况，凹岸控导工程下游回流区域范围大小明显与弯道曲率相关。凸岸下游回流区域范围是否影响下游其他控导工程也与弯道曲率密切相关。而回流区的范围与尺度影响当地洲滩发育，继而影响河势演变。当曲率过大时，上游控导工程产生回流影响下游控导工程，使得控导工程失效。

　　对于工程控导弯道，工程参数及工程量相对稳定条件下，弯道内回流区范围与弯曲系数存在相关性。这一相关性特征也涉及工程群间影响与协同。统计三个工况弯道弯曲系数，并对比回流范围，见图 5-26。其中回流范围采用面积比 S_r 表示，即回流区域面积与总水面面积的比值。

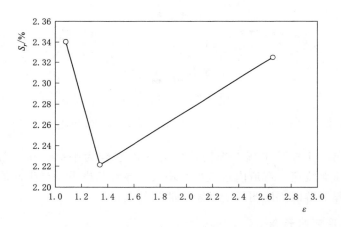

图 5-26　弯曲系数与回流区域范围相关性

　　图 5-26 中，纵坐标为回流区域面积占总水面面积的比值，以百分比表示；横坐标为弯曲系数。可以看出，弯曲系数接近 1.3，工程控导弯道回流区域范围较小。

5.4.5　弯道环流分布

5.4.5.1　环流分布特征

　　弯道凹岸河床冲刷、岸坡蚀退，凸岸淤长是弯道内水沙运动基本规律。弯道曲率特征（R/B）、河道宽深比（H/B）等因素是影响弯道环流产生的重要判别参数。由弯道水流基本特征可知，水流进入弯道，受离心力作用，表层流向凹岸，而底部水流在压强梯度作用下由凹岸流向凸岸，继而产生弯道环流。相关文献成果表明，无论是常曲率弯道，还是变曲率弯道，强弯条件下均存在凹岸环流[138]，见图 5-27。

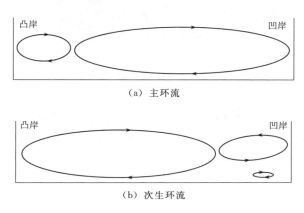

（a）主环流

（b）次生环流

图 5-27　弯道内典型环流分布特征

可以看出，凸岸与凹岸环流的方向相反。凹岸环流并不单一，如小尺度的次生环流。

为便于对比及理解，根据模拟计算结果，采用涡的判别准则，提取涡管，并可视化，见图 5-28。

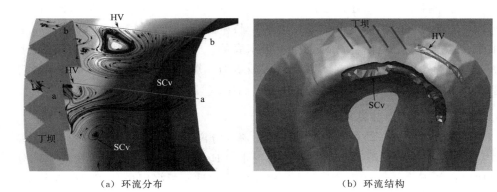

（a）环流分布　　　　　　　　　　　　（b）环流结构

图 5-28　控导工程附近环流及涡系分布

图 5-28 中，HV 是指马蹄涡，而 SCv 是指弯道诱发的二次环流。可以看出，弯顶处明显分布两个典型涡流结构，马蹄涡及二次环流。进一步提取图 5-28 中 a—a 和 b—b 剖面。控导工程中各丁坝沿轴线二维剖面，对比涡流分布特征，见图 5-29。

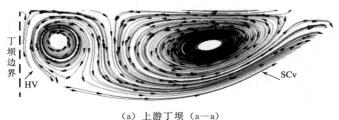

(a) 上游丁坝 (a—a)

(b) 下游丁坝 (b—b)

图 5 - 29　弯道内典型剖面环流分布特征

　　水流绕丁坝后，坝头处产生马蹄涡。与马蹄涡对比，由弯道环流诱发的二次环流 (SCv) 其几何尺度明显大于马蹄涡几何尺度，其长度约增大了 1 倍。对比两个涡的涡核位置，马蹄涡更靠近丁坝，而二次环流更靠近凸岸。二次环流涡核更接近河底，受此顶托影响，马蹄涡涡核位置更接近自由水面。

　　控导条件下，弯顶处存在两个几何形状与尺度不一、凸岸与凹岸环流的方向相反的环流。凹岸侧环流顺时针旋转，凸岸侧环流逆时针旋转。与自然弯道相比，工程控导弯道的二次环流位于河床底部，且更靠近凸岸。其涡核几何形状依然呈椭圆形，但受马蹄涡影响，长轴增加，短轴减小，并存在环流下潜现象。其整体走势逐渐偏离丁坝坝头并偏向凸岸。

5.4.5.2　凸岸流动分离

　　惯性力向外输送动量过程促进了凸岸流动分离，水流惯性效应常采用 Fr 参数量化[139]。Blanckaert[77] 指出极限情况下 ($Fr=0$)，弯道内不会发生流动分离现象；若 $Fr>1$，则弯道内流动分离现象较常见。根据国内外相关研究结果，自然条件下，弯道水流分离区的起始位置基本保持相对稳定，介于 $30°\sim150°$ 区间[77-78]。对湍流切应力分量归一化，即 $\overline{u'v'}/U^2$，可判别弯道内流动分离的形态和范围，见图 5 - 30。

　　黄河下游布置控导工程后，控导工程对水流钳制与挤压，使分离区向下游迁移。据模拟计算成果，并与自然条件相比，分离区初始位置下偏 10° 左右，解释了黄河下游工况控导弯道 60% 的凸岸沙波分布在弯顶下游的现象。

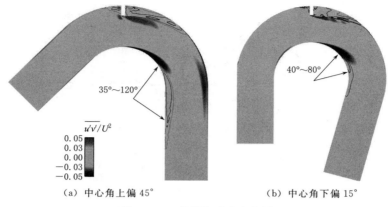

（a）中心角上偏 45°   （b）中心角下偏 15°

图 5-30　弯道流动分离范围

5.5　工程控导弯道水流能耗率

5.5.1　沿程与局部阻力损失

5.5.1.1　沿程阻力损失

由控导工程引起的水头损失包括两个方面：一是局部水头损失，如周银军等[140] 指出水流绕丁坝水头损失和过流断面突变局部水头损失的叠加；二是内部紊动切应力引起的水头损失。无控导工程条件下，单位长度沿程阻力可近似采用纵比降 $J_l = U^2/2g$ 表示。控导工程条件下，因丁坝侵占过流断面面积，引起流速增大，局部水位急壅和急跌。

参考桥墩壅水计算公式，提出工程控导条件下，弯道沿程水面纵比降是沿程与局部比降的叠加，表达式如下：

$$J_{ls} = J_l + \frac{a_0(U_s^2 - U^2)}{2gR_c} \tag{5.28}$$

式中：J_{ls} 为工程控导条件下水面沿程比降；公式右侧第一项为自然条件下沿程比降；第二项为工程局部水位壅跌引起的比降；R_c 为弯道半径；a_0 为系数。试验观测和数值模拟观测控导工程局部水位变化特征，即丁坝坝头上游水位壅高及下游急速下跌特征，见图 5-31。

因此，式（5.28）可进一步简化，获得控导工程弯道水面沿程比降计算公式：

$$J_{ls} = \frac{k_1 U^2}{2gR_c} \tag{5.29}$$

式中：k_1 为待定系数，根据实测与试验观测资料讨论。

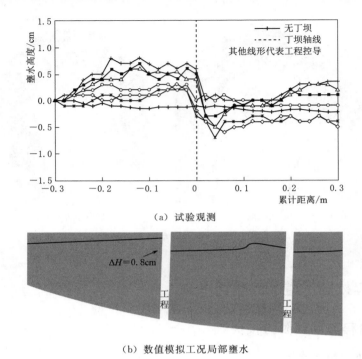

(a) 试验观测

(b) 数值模拟工况局部壅水

图 5-31　控导工程附近壅水与跌水特征

5.5.1.2　局部阻力损失

除顺水流方向水位变化，弯道内水流受离心力作用，凹岸水面抬升，凸岸水面降低，形成倾斜的横比降。通过分析内部紊动切应力和边界阻力引起的能耗，可导出弯道横比降计算公式。在此基础上，学者进一步改进，获得了工程实践中广泛应用的弯道水面横比降计算公式[110]：

$$J_t = a_1 \frac{U^2}{gR_c} \tag{5.30}$$

式中：a_1 为系数。不同研究者所采用的系数表达式略有不同，文献 [141] 较为详细统计了系数 a_1 研究成果，不再一一列举。对于工程控导弯道，式（5.30）中参数 R_c 与 U 需根据实测或试验观测资料分别展开讨论，详见下述。

研究河段实测水面横比降及数值模拟水面横比降见图 5-32。

实测水面横比降与数值模拟结果均表明，随着流量减小，断面形态相对窄深，横比降变小。随着工程数量的增多，局部壅水增大，横比降也略增。其中图 5-32 中虚线为工况一（$S_d/L=4$）水面横比降，实线为工况二（$S_d/L=12$）水面横比降。其壅水高度差约 1.1cm。

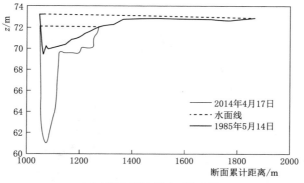

（a）研究河段实测水面横比降

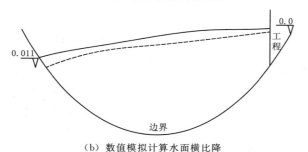

（b）数值模拟计算水面横比降

图 5-32　弯道内水面横比降特征

　　根据实测资料统计，以黑岗口和古城为代表断面，进一步计算并讨论黑夹河段在不同时段弯道横比降 J_t 调整趋势，见图 5-33。

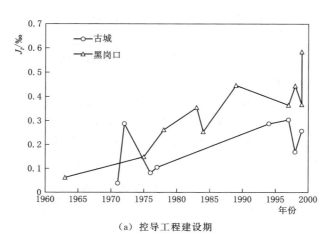

（a）控导工程建设期

图 5-33（一）　黑岗口和古城断面水面横比降

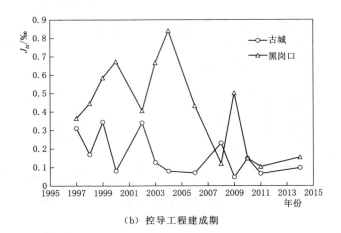

（b）控导工程建成期

图 5-33（二）　黑岗口和古城断面水面横比降

控导工程建设期，黑夹河段控导工程量级较少，两个大断面的水面横比降 J_t 呈现递增趋势。控导工程建成期，河道边界发生较大改变，控导工程总长度已占河道总长度的 75%，形成了近似刚性的边界条件。此边界条件下，水面横比降呈递减趋势。其中控导工程弯道水面横比降采用 J_{ts} 以便于与自然条件相区别。

由第 3 章可知，两个研究时段的弯道半径递减并逐渐趋于定值。对比可知，控导工程建设期，黑夹河段的弯道半径与水面横比降基本符合反比例关系。而控导工程建成期两者近似成正比关系。自然条件下，弯道水面横比降与主流线曲率半径的平方存在比例关系，主流线曲率半径越大，横向比降越小，水流能耗率也就越小[111]；控导工程建设期同文献讨论成果一致。但控导工程建设成期并不符合这一特征。究其原因，按式（5.30），若 R_c 不变，其他参数不变，则水面横比降恒定，显然是不合理的。因此，当弯道半径变幅较小条件下，流速的改变对于横比降的影响渐显现。控导工程侵占过流断面面积，必引起流速增加，继而影响横向比降调整。

统计试验测量流速数据。其中，游荡和控导条件两工况各断面流速最大值相除，则得到流速增幅，见图 4-15、图 4-22 及表 5.3。再统计实测资料，分别参考图 2-12（a）以及花园口水文站与夹河滩水文站水文要素（见表 5.4）。经讨论，试验观测与实测流速比值介于 1.0～1.6，均值为 1.3。

表 5.3　　　　　　　　试验观测工程控导前后流速比值

	游荡试验工况 U/(m/s)	完全控导试验工况 U/(m/s)	比　值
第一组	0.23	0.23	1.0
	0.19	0.26	1.4

	游荡试验工况 U/(m/s)	完全控导试验工况 U/(m/s)	比 值
第二组	0.20	0.32	1.6
	0.18	0.22	1.2
第三组	0.20	0.26	1.3
	0.20	0.24	1.2
均值			1.3

表 5.4　　　　　　　　　　　　花园口与夹河滩水文站流速均值比值

年 份	花园口站 U/(m/s)	夹河滩站 U/(m/s)	比 值
2002	2.285	2.400	1.1
2003	1.719	2.198	1.3
2004	1.878	2.784	1.5
2005	1.950	2.229	1.1
2006	1.619	2.482	1.5
2007	1.741	2.707	1.6
2008	1.778	2.580	1.5
2009	1.809	2.662	1.5
2010	1.733	2.755	1.6
2011	1.855	2.595	1.4
2012	1.996	2.516	1.3
2013	1.996	2.007	1.0
2014	2.240	2.610	1.2
均值			1.3

利用黑夹河段观测数据验证上述公式合理性，见图 5-34。其中，Q 值参考研究河段上游花园口水文站水文资料。

可以看出，在控导工程条件下，采用式（5.30）计算弯道横比降是合理的。

5.5.2　工程边界水流能耗率

5.5.2.1　水流能耗率

弯道内布置控导工程改变了岸线边界条件，受控导工程约束，水流逐渐朝向稳定状态演变，工程控导弯道水流能耗率与弯道曲率及工程边界条件密切相关。参考自然条件下水流能耗率计算式，提出控导工程约束条件下，水流能耗率计算式如下：

$$\Phi_s = \gamma Q J_{ls} + \gamma Q J_{ts} = \min \qquad (5.31)$$

式中：γ 为水容重，9800N/m³；Q 为流量；$\gamma Q J_{ls}$ 为工程控导弯道沿程阻力引起的能耗率；$\gamma Q J_{ts}$ 为弯道环流与丁坝绕流紊动切应力叠加引起的工程局部能耗率。两者共同组成了工程控导边界水流能耗率，简称工程边界能耗率。为便于区别与对比，控导工程建设期称为水流能耗率，控导工程建成期称为工程边界能耗率。

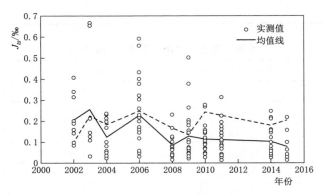

图 5-34 工况控导弯道水面横比降计算值与实测值对比

根据实测数据与模拟成果，经计算，得到黑夹河段工程边界能耗率演变特征，见图 5-35。

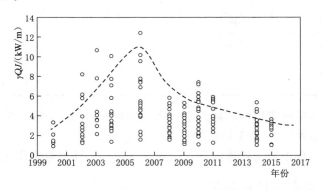

图 5-35 黑夹河段工程边界能耗率调整特征

图 5-35 中 2000 年水流能耗率为 2~4kW/m，与图 3-20 中数值一致。可以看出，水流能耗率在 20 世纪 70 年代前后达到最大值，约为 12kW/m；90 年代趋小，约为 2kW/m。控导工程建成期，工程边界能耗率的演变趋势与上一时段基本一致。最大值与最小值分别为 14kW/m，2kW/m。

究其原因，20 世纪 90 年代末期黄河下游来流较小，加之大规模河道整治工程建设及小浪底水库建设，导致此时期黑夹河段水流能耗率减小。水利工程的建设打破了原有平衡状态，河流自身以特有的方式演变，能耗率逐渐减小并缓慢恢复至相对平衡状态。水库运用初期，河流系统较不稳定，工程边界能耗率在 2006 年前后达到最大。随着河流自动调整，2010 年以后工程边界能耗率逐渐减小，朝相对平衡状态演变。对比两个研究时段，其中最小值明显较建设期偏大，表明其与水库下泄水沙条件、控导工程扰动密切相关。也就是说，约束条件的改变，引起水流能耗率随之改变。

5.5.2.2 能耗率分配

根据式（5.31），令 $\Phi_{ls} = \gamma QJ_{ls}$，表示沿程能耗率；$\Phi_{ts} = \gamma QJ_{ts}$，表示工程局部能耗率。则 Φ_{ls}/Φ_s 及 Φ_{ts}/Φ_s 分别描述了沿程能耗率和工程局部能耗率分配特征，见图 5-36。

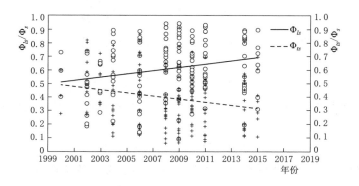

图 5-36 黑夹河段沿程与工程局部能耗率分配特征

可以看出，控导工程建设期，沿程能耗率与工程局部能耗率各自占比为 0.5，可理解为自然条件下两者近似均匀分配。这一分配特征与第 3 章讨论成果也是一致的（见图 3-21）。控导工程建成期，受水利工程的影响，河道演变规律发生改变，能耗率分配也出现较大变化。表现为沿程能耗率逐渐增大，占比为 0.7；而工程局部能耗率逐渐减小，占比为 0.3。从能耗率重分配特征看，水面纵比降趋陡，而横向比降趋缓。表明黑夹河段主槽持续冲刷下切，而平面形态演变逐渐稳定。

另从两者趋势线看，可预测至 2030 年前后，沿程能耗率的占比维持在 0.8 左右；而工程局部能耗率占比保持在 0.2 左右。表明此河段形态弯曲程度在目前的基础上略增，且逐步达到相对稳定的演变状态。

综上所述，黑夹河段工程边界能耗率的大小取决于水沙条件、工程量级等约束条件。未来一段时期内，水流能耗率调整趋势表明黑夹河段形态弯曲程度略增，渐达到相对稳定的演变状态。由此也引起一个新的问题，即演变达到相对稳定状态时，河道参数的阈值等目前均不明确。

5.6　演变相对稳定阈值

根据 3.6 节讨论内容可知，在自然条件下，弯道自身演变达到动态平衡时，水流能耗率最小，弯道曲率相对稳定。此条件下弯道曲率 $R_c/B=1.5\sim4.3$，一般认为 $R_c/B=3.2$，河湾演变相对稳定[111]。根据上述讨论成果，讨论工程控导弯道演变相对稳定阈值条件。

将式（5.29）和式（5.30）代入式（5.31）中，消去比降因子，并结合水流连续方程，则可得到：

$$\Phi_s = \gamma Q \left[\frac{k_1 U^2}{2gR_c} + \left(1 + 5.75 \frac{g}{C^2} \right) \frac{k_2 U^2}{gR_c} \right] \qquad (5.32)$$

在控导工程约束条件下，式（5.32）取得极值的必要条件是：

$$\frac{\mathrm{d}\Phi_s}{\mathrm{d}H} = 0 \qquad (5.33)$$

对水深的求导，可得到含有河宽、水深、最大水深及弯道半径等河道形态参数，见下式：

$$f(B, H, H_{\max}, R_c) = 0 \qquad (5.34)$$

不做具体推求，由此可得弯曲系数 ξ 及主槽形态参数及衍生参数，如 R/B，$\sqrt{B}/H$ 等。根据已有讨论成果，分别讨论工程控导弯道变相对平衡阈值。

5.6.1　弯曲系数

在工程控导约束条件下，弯曲系数与能耗率关系曲线见图 5-37。可看出，对于畸形河湾，弯曲系数 $\xi=3$，此条件下水流能耗率较高，演变状态极不稳定。发生自然或人工裁弯后，水流能耗率逐渐递减，弯曲系数逐渐减小，为 $1.4\sim1.2$。当弯曲系数接近 $\xi=1.3$ 时，水流能耗达到最小，演变状态相对稳定。随着弯曲系数的进一步减小，水流能耗率具有增加的趋势。由此可认为，工程控导弯道演变相对稳定阈值条件是弯曲系数 $\xi=1.3$。

5.6.2　弯道曲率

根据相关研究成果[110-111]，弯管存在某一临界值使水流阻力系数最小，水流能耗率最小，其阈值条件为 $R_c/D=2\sim3$，D 为管道直径。对于工程控导弯道而言，弯道曲率 $R_c/B=1.5\sim4.3$，一般认为 $R_c/B=3.2$。根据实测资料与试验观测成果，弯道曲率与工程边界水流能耗率关系见图 5-38。

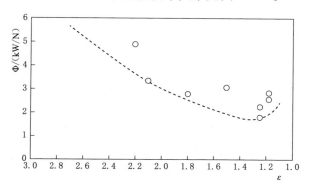

图 5-37   工程边界能耗率与弯曲系数关系曲线

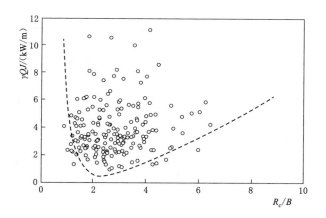

图 5-38   工程边界能耗率与弯道曲率关系曲线

可以看出，弯道曲率 $R_c/B=2\sim3.5$，弯道的水流能耗率最小，弯道演变相对稳定。与自然弯道相比此值略小，但更接近弯管水流能耗率最小阈值条件。究其原因，认为这与大量控导工程改变弯道凹岸边界近似刚性边界密切相关。

5.6.3   河相关系系数

因弯道半径数值量级较大，且平均水深数值量级偏小，两者相除易掩盖主槽冲刷下切演变程度。因此采用最大水深，并参考断面河相关系表达式进行讨论。见图 5-39。

可以看出，在控导工程约束条件下，水流能耗率小时，其演变相对稳定阈值

条件为 $R_c^{0.2}/H_{max}=1\sim2$。这一特征也反映出河道弯道半径小，水深大，成反比特征。

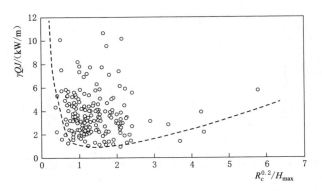

图 5-39　工程边界能耗率与 $R_c^{0.2}/H_{max}$ 比值关系

5.6.4　水面比降

对于工程控导弯道，沿程与局部能耗率分配特征仅解释了边界条件产生能量耗散情况，并不能解释水流动能在弯道内相互转化过程。如水流动能转化为泥沙搬运及河槽变形能量以及岸线侵蚀的能量。简言之，主槽形态演变所消耗的能量与平面形态演变所需能量之间存在"攻防"转换。因弯道内存在纵向与横向两个水面比降，认为水流动能在两个方向上相互转化最终反馈在水面比降的调整，也即弯道演变相对稳定时水面纵横比降比值的阈值条件。其中水面横比降为 J_{ts}，纵向水面比降为 J_{ls}。

根据研究河段河道实勘资料，得到不同弯道曲率条件下水面纵、横比降比值的调整趋势，见图 5-40。

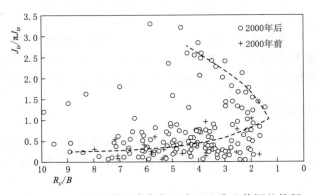

图 5-40　不同弯道曲率条件下水面比降比值调整特征

可以看出，随弯曲系数减小，横比降逐渐增大。当 $R_c/B=2$ 时，表明趋于相对稳定状态。也就是说，弯道演变相对稳定时，可得到另一阈值条件，即水面横比降与纵比降的比值接近常量 π。

综上所述，利用所提出的工程边界水流能耗率计算式，结合实测资料与试验观测数据，研究表明工程控导弯道演变相对稳定的阈值条件分别为：弯曲系数 $\xi=1.3$；弯道曲率 $R_c/B=2$；河相关系数 $R_c^{0.2}/H_{max}=1$；水面横比降与纵比降比值接近常量 π。各阈值条件对于黄河下游河道整治工程的科学设计、河势稳定与控制技术的发展至关重要。

5.7　本章小结

（1）以弯道演变基本理论为基础，增加控导工程诱发弯道扰动失稳项，修正偏斜度与丰盈度等形态参数，推导了工程控导弯道流路方程。经验证，认为流路方程用以精确描述工程控导弯道形态较合理。

（2）工程控导弯道具有典型的特征，其形态更趋于弯曲，弯顶偏向下游，丰盈度逐渐稳定。提出并建立了工程控导弯道流路方程。根据弯曲系数依次划分弯曲形态。认为弯曲系数 $\xi=1.05\sim1.2$ 为设计弯曲形态，其更接近设计主流线。$\xi=1.2\sim2.0$ 为工程控导弯曲形态。$\xi=2\sim5$ 为畸形弯曲形态，$\xi>5$ 接近牛轭湖。

（3）结合物理模拟试验地形，概化各类工程控导弯道三维几何结构。数值模拟结果表明弯道环流分布相似，但受丁坝坝头处马蹄涡挤压，弯道环流更靠近凸岸，流动分离区范围略向下游偏移。

（4）控导工程挤压并扰动水流，增大局部河床切应力，导致局部冲刷产生，并增大了工程附近能量损失。受控导工程与岸线曲率影响，工程参数与工程量级相对稳定条件下，弯曲系数为 1.3 时回流范围区域最小。

（5）提出了工程控导弯道水流能耗率计算公式。控导工程建成期，沿程能耗率递增，而工程边界能耗率递减。表明黑夹河段主槽持续冲刷下切，而平面形态演变逐渐稳定。

（6）综合实测资料分析与模拟成果讨论，认为 $R_c/B=2$，$R_c^{0.2}/H_{max}=1$；工程边界能耗率较小，其演变保持相对稳定状态。此稳定状态下，水面横比降与纵比降的比值接近常量 π。

第6章 结论与展望

6.1 结论

本书以黄河下游黑岗口至夹河滩河段为研究对象，根据水沙关系和控导工程建设情况，将研究时段分为两个阶段：1950—2000 年为工程建设期，2000 年至今为工程建成期。依据水文及河道地形勘测资料，结合数据分析、实体模型试验与数值模拟手段，研究控导工程对黄河下游游荡段河道演变的影响。研究结果表明：

（1）根据实测资料，研究河段的断面河相关系系数、弯曲形态参数以及河势主流线演变特征均表明研究河段由游荡河道向弯曲河道转化过渡，显示控导工程起到了预期作用。

（2）对比工程建设期与工程建成期，研究河段平均水深增加，增幅达 20%；河宽减小，均值减幅近 40%。主槽形态由宽浅演变至相对窄深，断面河相关系系数减至 10 左右。黑夹河段弯道个数增加一倍。弯道半径相对稳定，均值约 1.5km。其形态较接近设计工程控导弯曲形态。控导工程对研究河段河道弯曲演变的调控效应显著。

（3）受控导工程影响，黑夹河段弯曲形态渐接近设计弯曲形态特征，但弯顶向下游移动，丰盈程度有所改变。初步推导并验证了工程控导弯道流路方程，并根据弯曲系数将工程控导弯道依次划分为设计弯曲形态（$\xi=1.05\sim1.2$）、工程控导弯曲形态（$\xi=1.2\sim2.0$）和畸形弯曲形态（$\xi=2\sim5$）。

（4）工程建设期，由于流量递减，水面纵比降趋缓，造成沿程能耗率减小，但控导工程局部能耗率增大。工程建成期，小流量变幅结合低含沙条件，水面与河床纵比降均趋陡，造成沿程能耗率增大；弯道半径相对稳定，水面横比降趋缓，工程局部能耗率减小。

（5）试验验证了正挑及下挑丁坝局部冲刷坑纵向与垂向演变速率呈现同步演变特征。随两丁坝间距增大，下游丁坝局部冲刷依次呈现冲刷减弱、冲刷加剧及冲刷同步特征。受控导工程影响，弯道环流更靠近凸岸，流动分离区范围略向下游偏移。

148

（6）综合分析实测资料、实体模型实验和数值模拟成果，确定水流能耗率最小阈值条件为 $R_c/B=2$，$R_c^{0.2}/H_{max}=1$，水面横比降与纵比降比值接近常量 π，此条件下研究河段河道演变保持相对稳定状态。

6.2　展望

以弯道演变理论为基础，增加控导工程项，推导了工程控导弯道流路方程。但鉴于问题的复杂性，推导过程有部分假设条件，后续需针对假设条件及该公式适用性进一步完善。

提出了工程控导弯道能耗率定量表达式，并以最小能耗率理论及能耗分配特征为基础，提出了演变相对稳定的阈值条件。相关成果如何指导研究河段控导工程量级优化以及控导工程间影响与协同仍有待深入探讨。

参 考 文 献

[1]　赵忠宝. 黄河的六次大变迁 [J]. 陕西水利，1996 (1)：47.

[2]　胡一三，缪凤举. 黄河下游过渡性河段河道整治的初步效果 [J]. 人民黄河，1982 (3)：33－36.

[3]　刘燕，李军华，董其华，等. 黄河下游整治工程续建后对河势控导效果影响 [J]. 人民黄河，2020，42 (9)：86－89.

[4]　符建铭，张柏山. 黄河下游游荡型河道的河型转化 [J]. 中国水利，2003 (15)：60－62.

[5]　江恩慧，王远见，张原锋，等. 黄河泥沙研究新进展 [J]. 人民黄河，2016，38 (10)：24－31.

[6]　张红武，李振山. 黄河下游河道与滩区治理研究 [J]. 中国环境管理，2018，10 (1)：99－100.

[7]　江恩慧. 黄河泥沙研究重大科技进展及趋势 [J]. 水利与建筑工程学报，2020，18 (1)：1－9.

[8]　王卫红，田世民，孟志华，等. 小浪底水库运用前后黄河下游河道河型变化及成因分析 [J]. 泥沙研究，2012 (1)：23－31.

[9]　田勇，孙一，李勇，等. 新时期黄河下游滩区治理方向研究 [J]. 人民黄河，2019，41 (3)：16－20，35.

[10]　许栋. 蜿蜒河流演变动力过程的研究 [D]. 天津：天津大学，2008.

[11]　Leopold L B, Wolman M G. River meanders [J]. Geological Society of America Bulletin, 1960, 71 (6)：769－793.

[12]　Ikeda S, Parker G, Sawai K. Bend theory of river meanders. Part 1. Linear development [J]. Journal of Fluid Mechanics, 1981, 112：363－377.

[13]　解哲辉，黄河清，周园园，等. 游荡型河流演变规律研究进展及其河型归属探讨 [J]. 地理科学进展，2016，35 (7)：898－909.

[14]　周刚. 河型转化机理及其数值模拟研究 [D]. 北京：清华大学，2009.

[15]　钱宁，张仁，周志德. 河床演变学 [M]. 北京：科学出版社，1987.

[16]　刘贝贝，朱立俊，陈槐，等. 冲积性河流的河型分类及判别方法研究综述 [J]. 泥沙研究，2020，45 (1)：74－80.

[17]　许炯心，孙季. 黄河下游游荡河道萎缩过程中的河床演变趋势 [J]. 泥沙研究，2003 (1)：10－17.

[18]　孙赞盈，李勇，王开荣，等. 1946 年以来黄河下游泥沙治理研究的主要进展 [J]. 泥沙研究，2017，42 (1)：73－80.

[19]　齐璞，孙赞盈，齐宏海. 黄河下游防洪形势变化与治理前景展望 [J]. 泥沙研究，2016 (1)：58－62.

［20］ 周静，王兆印，李昌志，等. 黄河下游游荡型河段河湾发育与来水来沙的关系 ［J］. 泥沙研究，2006 （1）：45 - 50.

［21］ 尹学良. 黄河下游冲淤特性及其改造问题 ［J］. 泥沙研究，1980 （1）：75 - 82.

［22］ 朱毕生，熊波，陈立. 河道边界条件对河型形成影响的概化试验研究 ［J］. 浙江水利科技，2005 （1）：9 - 11，14.

［23］ D. S. van Maren，J. C. Winterwerp，H. J. de Vriend，Z. B.，等. 含沙量对冲积河流河型的影响 ［J］. 人民黄河，2005 （11）：76 - 80.

［24］ Lancaster S T，Bras R L. A simple model of river meandering and its comparison to natural channels ［J］. Hydrological Processes，2002，16 （1）：1 - 26.

［25］ 冀自青. 弯曲河流拟序扰动的边界效应及其非线性动力理论研究 ［D］. 天津：天津大学，2015.

［26］ Johannesson H，Parker G. Linear theory of river meanders ［J］. River meandering，1989，12：181 - 213.

［27］ Seminara G，Tubino M. Weakly nonlinear theory of regular meanders ［J］. Journal of Fluid Mechanics，1992，244：257 - 288.

［28］ Luchi R，Zolezzi G，Tubino M. Modelling mid-channel bars in meandering channels ［J］. Earth Surface Processes and Landforms，2010，35 （8）：902 - 917.

［29］ Luchi R，Zolezzi G，Tubino M. Bend theory of river meanders with spatial width variations ［J］. Journal of Fluid Mechanics，2011，681：311 - 339.

［30］ Stølum，Hans Henrik. River meandering as a self-organisation process ［D］. University of Cambridge，1997.

［31］ Stølum H H. Planform geometry and dynamics of meandering rivers ［J］. Geological Society of America Bulletin，1998，110 （11）：1485 - 1498.

［32］ 申红彬，吴保生，吴华莉. 黄河下游河道边界条件影响输沙效率研究述评 ［J］. 水科学进展，2019，30 （3）：445 - 456.

［33］ 卢金友，朱勇辉. 水利枢纽下游河床冲刷与再造过程研究进展 ［J］. 长江科学院院报，2019，36 （12）：1 - 9.

［34］ 许炯心. 论黄河下游河道两次历史性大转折及其意义 ［J］. 水利学报，2001 （7）：1 - 7.

［35］ 胡一三. 微弯型治理 ［J］. 人民黄河，1986 （4）：18 - 18.

［36］ 方宗岱. 河型分析及其在河道整治上的应用 ［J］. 水利学报，1964 （1）：3 - 14.

［37］ 徐福龄. 两种基本流路 两套工程控制 ［J］. 人民黄河，1986 （4）：20 - 21.

［38］ 彭瑞善. 黄河治理方略 ［J］. 前进论坛，2000 （11）：11 - 13.

［39］ 端木礼明，符建铭，李永强. 新形势下黄河下游游荡型河段的河道整治方案 ［J］. 人民黄河，2016，38 （10）：56 - 59.

［40］ Parker G. Self-formed straight rivers with equilibrium banks and mobile bed. Part 1. The sand-silt river ［J］. Journal of Fluid Mechanics，1978，89 （1）：109 - 125.

［41］ 殷瑞兰. 蜿蜒性河流演变机理研究 ［J］. 长江科学院院报，2002 （3）：15 - 18.

［42］ 江恩惠，曹永涛，张林忠. 黄河下游游荡型河道河床演变机理探讨及应用 ［R］. 郑州：黄河水利科学研究院，2005.

［43］ 马良，张红武，马睿，等. 多沙河流治导线流路方程研究 ［J］. 水利学报，2017，

48（3）：279-290.

[44] 余阳，夏军强，李洁，等. 小浪底水库对下游游荡河段河床形态与过流能力的影响[J]. 泥沙研究，2020，45（1）：7-15.

[45] 金德生，张欧阳，陈浩，等. 小浪底水库运用后黄河下游游荡型河段深泓演变趋势分析[J]. 泥沙研究，2000（6）：52-62.

[46] 陈建国，周文浩，陈强. 小浪底水库运用十年黄河下游河道的再造床[J]. 水利学报，2012，43（2）：127-135.

[47] 王英珍，夏军强，周美蓉，等. 小浪底水库运用后黄河下游游荡段主槽摆动特点[J]. 水科学进展，2019，30（2）：198-209.

[48] 景唤，钟德钰，张红武，等. 中小流量下黄河下游游荡段河床调整规律[J]. 水力发电学报，2020，39（4）：33-45.

[49] 闫超德，袁观杰，李紫薇，等. 基于遥感的黄河郑州段河流形态变化分析[J]. 人民黄河，2020，42（1）：21-26.

[50] 苏运启，尚红霞，李勇，等. 小浪底水库对水沙的调控及下游河道响应[J]. 泥沙研究，2006（5）：28-32.

[51] 黎桂喜，李新，裴明胜. 小浪底水库运用后下游河势变化特点及工程险情分析[J]. 水利建设与管理，2002，22（5）：68-70.

[52] 王卫红，李勇，许志辉，等. 大型水库调控对游荡型河道整治工程适应性的影响[J]. 泥沙研究，2013（6）：12-21.

[53] 万强，李军华，夏修杰，等. 黄河下游畸形河势现状及对策[J]. 人民黄河，2019，41（4）：11-13，57.

[54] 张旭东，朱莉莉，张治昊. 黄河下游河道整治现状与面临的新问题[J]. 水利建设与管理，2017，37（11）：77-79，107.

[55] 薛博文，李军华，江恩慧. 黄河下游韦滩河段畸形河势分析[J]. 人民黄河，2020，42（3）：30-33，54.

[56] Safarzadeh A，Salehi Neyshabouri S A A，Zarrati A R. Experimental investigation on 3D turbulent flow around straight and T-shaped groynes in a flat bed channel[J]. Journal of Hydraulic Engineering，2016，142（8）：451-459.

[57] 唐洪武. 复杂水流模拟问题及测速技术的研究[D]. 南京：河海大学，1996.

[58] 彭静. 丁坝群近体流动结构的可视化实验研究[J]. 水利学报，2000（3）：42-45.

[59] Jennifer D，Li H E，Guangqian W，et al. Turbulent burst around experimental spur dike[J]. International Journal of Sediment Research，2011，26（4）：471-523.

[60] 苏伟，王平义，胡宝月. 丁坝周围水流紊动特性与地形冲刷的关系[J]. 水运工程，2016（4）：138-144.

[61] 张可，王平义，喻涛. 不同坝型丁坝坝体周围水流紊动特性试验研究[J]. 水运工程，2012（7）：1-7.

[62] 郭维东，周阳，梁岳. 丁坝对弯道水流紊动强度影响的试验研究[J]. 水电能源科学，2005（5）：79-81，8.

[63] 顾杰，李梦玲. 丁坝对弯道水流特性影响的试验研究[J]. 水动力学研究与进展，2018，33（6）：112-119.

［64］ 张华庆，曹艳敏，王建军. 丁坝紊动特性试验研究 ［J］. 水道港口，2008 (3)：39 - 46.

［65］ Bouratsis P，Diplas P，Dancey C L，et al. High-resolution 3 - D monitoring of evolving sediment beds ［J］. Water Resources Research，2013，49 (2)：977 - 992.

［66］ Kuhnle R A，Alonso C V，Shields F D. Geometry of scour holes associated with 90 spur dikes ［J］. Journal of Hydraulic Engineering，1999，125 (9)：972 - 978.

［67］ Kuhnle R A，Alonso C V，Shields Jr F D. Local scour associated with angled spur dikes ［J］. Journal of Hydraulic Engineering，2002，128 (12)：1087 - 1093.

［68］ Diab R M A E A. Experimental Investigation on scouring around piers of different shape and alignment in gravel ［D］. TU Darmstadt，2011.

［69］ Fael C M S，Simarro-Grande G，Martín-Vide J P，et al. Local scour at vertical-wall abutments under clear-water flow conditions ［J］. Water resources research，2006，42 (10)，W10408.

［70］ Rodrigue-Gervais K，Biron P M，Lapointe M F. Temporal development of scour holes around submerged stream deflectors ［J］. Journal of Hydraulic Engineering，2010，137 (7)：781 - 785.

［71］ Bouratsis，Pol，et al. Quantitative Spatio-Temporal Characterization of Scour at the Base of a Cylinder ［J］. Water，2017，9 (3)：227.

［72］ Zhang，Li，et al. Geometric Characteristics of Spur Dike Scour under Clear-Water Scour Conditions ［J］. Water，2018，10 (6)：50 - 62.

［73］ 蔺爱军，胡毅，林桂兰，等. 海底沙波研究进展与展望 ［J］. 地球物理学进展，2017，32 (3)：1366 - 1377.

［74］ 张贺，邹志利，徐杰. 沙垄和沙波非线性演化特征研究 ［J］. 海岸工程，2018，37 (2)：61 - 72.

［75］ 毛野，张志军，袁新明，等. 沙波附近紊流拟序结构特性初步研究 ［J］. 河海大学学报（自然科学版），2002 (5)：56 - 61.

［76］ 何立群，陈孝兵，陈力，等. 三维交错沙波上的紊流特性数值模拟 ［J］. 水利水电科技进展，2017，37 (4)：19 - 24，76.

［77］ Blanckaert K. Flow separation at convex banks inopenchannels ［J］. Journal of Fluid Mechanics，2015，779：432 - 467.

［78］ 檀会春，张华庆. 弯道横向环流试验及分析 ［J］. 水道港口，2010，31 (1)：30 - 35.

［79］ 陈启刚，钟强，李丹勋，等. 明渠弯道水流平均运动规律试验研究 ［J］. 水科学进展，2012，23 (3)：369 - 375.

［80］ Bai Y，Song X，Gao S. Efficient investigation on fully developed flow in a mildly curved 180° open-channel ［J］. Journal of Hydroinformatics，2014，16 (6)：1250 - 1264.

［81］ Wei M，Blanckaert K，Heyman J，et al. A parametrical study on secondary flow in sharp open-channel bends：experiments and theoretical modelling ［J］. Journal of hydro-environment research，2016，13：1 - 13.

［82］ 白玉川，高术仙，徐国强. 常曲率 U 型弯道水流紊动特性试验研究 ［J］. 水利水电技术，2015，46 (11)：134 - 137.

［83］ Blanckaert K，Graf W H. Mean Flow and Turbulence in Open-Channel Bend ［J］. Journal of Hydraulic Engineering，2001，127（10）：835 – 847.

[84] Termini D，Piraino M. Experimental analysis of cross-sectional flow motion in a large am-plitude meandering bend [J]. Earth Surface Processes and Landforms，2011，36（2）：244 – 256.

[85] 王鑫. 弯道水流结构及其作用下的卵石运动研究 [D]. 天津：天津大学，2017.

[86] Constantinescu G，Koken M，Zeng J. The structure of turbulent flow in an open channel bend of strong curvature with deformed bed：Insight provided by detached eddy simulation [J]. Water Resources Research，2011，47（5）：159 – 164.

[87] 胡一三. 黄河河道整治 [M]. 北京：科学出版社，2020.

[88] 赵业安. 黄河下游河道演变基本规律 [M]. 郑州：黄河水利出版社，1998.

[89] 胡一三. 黄河下游游荡型河段整治措施的研究 [J]. 人民黄河，1996（10）：20 – 23.

[90] 陈建国. 黄河下游河道萎缩机理与基本输水输沙通道规模研究 [D]. 武汉：武汉大学，2013.

[91] 王国庆，王云璋，史忠海，等. 黄河流域水资源未来变化趋势分析 [J]. 地理科学，2001（5）：396 – 400.

[92] 费祥俊. 黄河下游来水来沙对河槽形态与河型的塑造作用 [J]. 泥沙研究，2016（4）：9 – 14.

[93] 郑钊. 黄河下游河道水沙输移特性与冲淤规律研究 [D]. 北京：中国水利水电科学研究院，2019.

[94] 张治昊. 黄河下游复式河道滩槽水沙运动与演变研究 [D]. 北京：中国水利水电科学研究院，2015.

[95] 2015 年黄河下游河道排洪能力分析报告 [R]. 郑州：黄河水利委员会黄河水利科学研究院水利部黄河泥沙重点实验室，2015.

[96] 2019 年黄河下游河道排洪能力分析报告 [R]. 郑州：黄河水利委员会黄河水利科学研究院水利部黄河泥沙重点实验室，2019.

[97] 安催花，鲁俊，吴默溪，等. 黄河下游河道平衡输沙的沙量阈值研究 [J]. 水利学报，2020，51（4）：402 – 409.

[98] 胡一三. 黄河下游河势演变中的畸形河湾 [J]. 人民黄河，2016，38（10）：43 – 48.

[99] 胡一三. 黄河下游河势演变中的横河 [J]. 人民黄河，2014，36（7）：1 – 6.

[100] 许炯心，陆中臣，刘继祥. 黄河下游河床萎缩过程中畸形河湾的形成机理 [J]. 泥沙研究，2000（3）：36 – 41.

[101] 江青蓉，夏军强，周美蓉，等. 黄河下游游荡段不同畸形河湾的演变特点 [J]. 湖泊科学，2020，32（6）：1837 – 1847.

[102] 李勇，王卫红，张宝森，等. 长期低含沙水流作用下黄河下游河势调整过程 [J]. 人民黄河，2019，41（3）：31 – 35.

[103] 吴保生，马吉明，张仁，等. 水库及河道整治对黄河下游游荡型河道河势演变的影响 [J]. 水利学报，2003（12）：12 – 20.

[104] 朱鹏程. 泥沙手册 [M]. 北京：中国环境科学出版社，1989.

[105] 闫超德，袁观杰，李紫薇，等. 基于遥感的黄河郑州段河流形态变化分析 [J]. 人民黄河，2020，42（1）：21 – 26.

[106] 周倩倩. 水沙锐减条件下黄河下游游荡型河道河型转化趋势研究 [D]. 郑州：华北水利水电大学，2015.

[107] 陈绪坚，陈清扬. 黄河下游河型转换及弯曲变化机理 [J]. 泥沙研究，2013 (1)：1-6.

[108] 陈海潮. 河道整治工程措施及丁坝效用分析 [D]. 郑州：华北水利水电学院，2007.

[109] 冯顺新. 黄河沙卵石河段河道整治问题研究 [D]. 北京：清华大学，2002.

[110] 赵丽娜. 基于非平衡态热力学和混沌理论的河型特性研究 [D]. 天津：天津大学，2014.

[111] 徐国宾. 非平衡态热力学理论在河流动力学领域中的应用 [D]. 天津：天津大学，2003.

[112] 张瑞瑾. 河流泥沙动力学 [M]. 北京：中国水利水电出版社，1998.

[113] Cheng N S, Chiew Y M, Chen X. Scaling Analysis of Pier-Scouring Processes [J]. Journal of Engineering Mechanics，2016，42 (8).

[114] 周华伟. 地面三维激光扫描点云数据处理与模型构建 [D]. 昆明：昆明理工大学，2011.

[115] 王侃昌，师帅兵. 自由曲面的高斯曲率计算方法 [J]. 西北农业大学学报，2000 (6)：150-153.

[116] 成思源. 基于可变形模型的轮廓提取与表面重建 [D]. 重庆：重庆大学，2003.

[117] 张红武. 复杂河型河流物理模型的相似律 [J]. 泥沙研究，1992 (4)：1-13.

[118] 任志. 水力插板透水丁坝水流特性及冲淤规律试验研究 [D]. 乌鲁木齐：新疆农业大学，2016.

[119] 王晓旭. 轻质沙沙波形态及扼制沙波发育措施的研究 [D]. 长沙：长沙理工大学，2017.

[120] 万强，曹永涛. 小浪底—陶城铺河段河床沙波的模型分析 [J]. 人民黄河，2012，34 (4)：15-16.

[121] 张原锋，申冠卿，Verbanck M A. 黄河下游床面形态判别方法探讨 [J]. 水科学进展，2012，23 (1)：46-52.

[122] 白玉川，王令仪，杨树青. 基于阻力规律的床面形态判别方法 [J]. 水利学报，2015 (6)：707-713.

[123] Rijn V, Leo C. Sediment Transport, Part Ⅲ: Bed forms and Alluvial Roughness [J]. Journal of Hydraulic Engineering，1984，110 (12)：1733-1754.

[124] 麻妍妍，夏军强，张晓雷. 现有动床阻力计算公式验证与比较 [J]. 武汉大学学报（工学版），2017，50 (4)：481-486.

[125] 曲耀宗，刘建伟，孙广森. 小浪底水库建库前后黄河下游泥沙粒径变化与分析 [J]. 河南水利与南水北调，2010 (11)：66-67.

[126] 杨燕华. 弯曲河流水动力不稳定性及其蜿蜒过程研究 [D]. 天津：天津大学，2012.

[127] Johannesson, H., G. Parker. Linear theory of river meanders [C]. River Meandering. Water Resources Monograph 12. American Geophysical Union, Washington. 1989：181-214.

[128]　许栋，白玉川，谭艳. 蜿蜒河流演变动力过程及其研究进展 [J]. 泥沙研究，2011（4）：73 - 80.

[129]　曹晓萌. 丁坝群作用尺度理论及累积效应机理研究 [D]. 杭州：浙江大学，2014.

[130]　侯昭. 圆柱体低速倾斜入水过程非定常多相流及旋涡特性研究 [D]. 大连：大连理工大学，2019.

[131]　She Z S, Jackson E, Orszag S A. Intermittent vortex structures in homogeneous isotropic turbulence [J]. Nature, 1990, 344 (6263)：226.

[132]　Jamieson E C, Rennie C D, Jacobson R B, et al. 3 - D flow and scour near a submerged wing dike：ADCP measurements on the Missouri River [J]. Water Resources Research, 2011, 47 (7), W07544.

[133]　Koken M, Constantinescu G. Flow and turbulence structure around a spur dike in a channel with a large scour hole [J]. Water Resources Research, 2011, 47 (12). W12511.

[134]　杨坪坪，张会兰，王云琦，等. 低柱体雷诺数下柱体上游薄层水流马蹄涡特征研究 [J]. 工程科学与技术，2019，51 (1)：52 - 59.

[135]　Constantinescu G, Koken M, Zeng J. The structure of turbulent flow in an open channel bend of strong curvature with deformed bed：Insight provided by detached eddy simulation [J]. Water Resources Research, 2011, 47 (5)：159 - 164.

[136]　Karami H, Hosseinjanzadeh H, Hosseini K, et al. Scour and three-dimensional flow field measurement around short vertical-wall abutment protected by collar [J]. KSCE Journal of Civil Engineering, 2018, 22 (1)：141 - 152.

[137]　Koken M, Constantinescu G. An investigation of the flow and scour mechanisms around isolated spur dikes in a shallow open channel：2. Conditions corresponding to the final stages of the erosion and deposition process [J]. Water Resources Research, 2008, 66 (8)：297 - 301.

[138]　Blanckaert K, Kleinhans M G, Mclelland S J, et al. Flow separation at the inner (convex) and outer (concave) banks of constant-width and widening open-channel bends [J]. Earth Surface Processes & Landforms, 2013, 38 (7)：696 - 716.

[139]　L Ee Der M R, Bridges P H. Flow separation in meander bends [J]. Nature, 1975, 253 (5490)：338 - 339.

[140]　周银军，陈立，桂波，等. 正挑桩式丁坝壅水特性及其冲刷深度计算模式理论 [J]. 四川大学学报（工程科学版），2009，41 (2)，58 - 63.

[141]　徐国强. 非对称型弯道水流特性研究 [D]. 天津：天津大学，2016.